“海洋梦”系列丛书

蓝色“妖姬”

海洋植物

“海洋梦”系列丛书编委会◎编

合肥工业大学出版社
HEFEI UNIVERSITY OF TECHNOLOGY PRESS

图书在版编目（CIP）数据

蓝色“妖姬”：海洋植物/“海洋梦”系列丛书编委会编．—合肥：合肥工业大学出版社，2015.9（2021.6 重印）

ISBN 978-7-5650-2402-3

Ⅰ.①蓝…　Ⅱ.①海…　Ⅲ.①海洋生物学—水生植物学—普及读物
Ⅳ.①Q948.885.3-49

中国版本图书馆 CIP 数据核字（2015）第 208983 号

蓝色“妖姬”：海洋植物

“海洋梦”系列丛书编委会　编　　　　责任编辑　吴毅明

出　版	合肥工业大学出版社		版　次	2015 年 9 月第 1 版
地　址	合肥市屯溪路 193 号		印　次	2021 年 6 月第 3 次印刷
邮　编	230009		开　本	710 毫米×1000 毫米　1/16
电　话	总　编　室：0551-62903038		印　张	12.75
	市场营销部：0551-62903198		字　数	200 千字
网　址	www.hfutpress.com.cn		印　刷	安徽芜湖新华印务有限责任公司
E-mail	hfutpress@163.com		发　行	全国新华书店

ISBN 978-7-5650-2402-3　　　　定价：35.00 元

目 录

蓝色“妖姬”——海洋植物

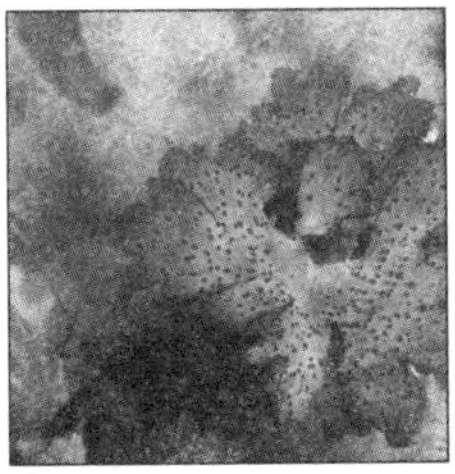

第一章 细数海藻多少种

第二章　海洋植物的危害与保护

第三章　海草与红树林

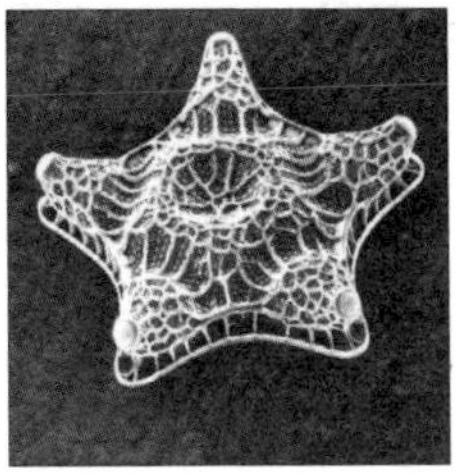

第四章 海洋生命之源：海洋植物

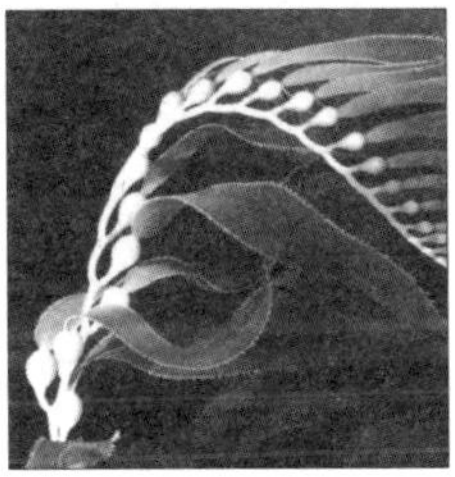

第五章 藻类植物面面观

第六章　海洋植物的开发

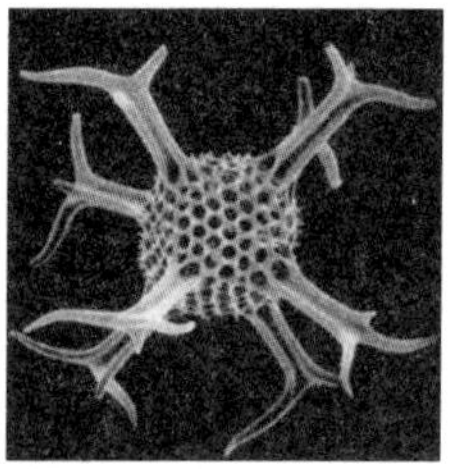

第一章
细数海藻多少种

海藻是低等植物，没有根、茎、叶的区分，不能开花结果。但它是海洋植物的主体，在海洋中有2万余种。科学家们根据海藻各种各样的奇特体形和颜色，以及不同的生活方式，把它们分成九大类：绿藻类，如石莼；眼虫藻类，如绿眼虫藻；甲藻类，如多锥甲藻；硅藻类，如辐射元筛藻；金藻类，如金囊藻；黄蓼类，如绿海球藻；褐藻类，如海带；红藻类，如紫菜；蓝藻类，如颤藻。接下来，我们一一认识它们。

第一节　奇特的蓝藻

什么是蓝藻

蓝藻之所以称为蓝藻是因为所有的蓝藻都含有一种特殊的蓝色色素。蓝藻是海洋中的一种原核生物，又名蓝绿藻蓝细菌。由于大部分蓝藻的细胞壁外有胶质衣，所以蓝藻又叫粘藻。纵观所有的海洋藻类生物，最简单，也就是最原始的一种是蓝藻。蓝藻属于单细胞生物，它没有细胞核，然而在细胞中央含有核物质，这些核物质的形状通常为颗粒状或网状，其染色质和色素在细胞质中均匀分布。与其他核物质不同，蓝藻细胞中央的核物质虽然没有核膜和核仁，但仍然具有核的功能，所以被称为原核或者是拟核。除此之外，在蓝藻中还有一种环状DNA，也就是质粒，它在基因工程中起着运载体的作用。与其他细菌相同，蓝藻属于原核生物。它与具原核的细菌一起都属于原核生物界。

蓝藻

你知道吗

蓝藻都是蓝色吗

蓝藻也不全是蓝色的，不同的蓝藻含有一些不同的色素，有的含叶绿素，有的含有蓝藻叶黄素，有的含有胡萝卜素，有的含有蓝藻藻蓝素，也有的含有蓝藻

鱼缸中的蓝藻

藻红素。红海就是由于水中含有大量藻红素的蓝藻，使海水呈现出红色。

蓝藻的特征

1. 细胞壁

在光学显微镜下观察，蓝藻的细胞壁是由两层组成，内层为固有膜，外层为胶质衣鞘。有些物种这两层细胞壁的界线不明显。在电子显微镜下观察，蓝藻细胞壁(固有膜)有4层(第一层～第四层)，第一层和第三层为透明层，第二层和第四层为不透明层。细胞壁主要是由肽葡聚糖组成，最内层(第一层)与原生质质膜紧贴，最外层(第四层)表面有隆起的脊和水泡状凸起。“胶质衣鞘”紧贴细胞壁，胶质为果胶化合物，由原生质体产生，通过固有膜上的孔分泌出来集结而成。衣鞘内面较坚固，含有一定量的纤维素。衣鞘可以有或没有层理。一些浮游生活的物种，衣鞘没有层理而且透明，含水量高，不经特殊技术处理是很难分辨的；很多物种的衣鞘是无色的，但另有一些物种的衣鞘是有色的，如黄色、棕色、红色或紫蓝色。衣鞘呈现黄色、棕色是由于有褐绿素和褐红素所致；呈现红色或紫蓝色是由于有粘球藻素的

蓝藻

缘故。衣鞘的形态结构也是蓝藻分类的依据。

2. 细胞核

蓝藻门物种没有真核生物所具有的细胞核结构，仅在细胞中央体含有嗜碱性物质，即“核质”，能行使类似与真核生物细胞核的功能。核质在细胞中央体内并非均匀地分布，而是有类核染色体和不同类型的颗粒体。研究人员认为，在细胞中央体内所含弥散分布的核糖核酸，可分为 3 种颗粒状分子：①多数呈网状连接，具有脱氧核糖核酸小颗粒；②含有磷的较大颗粒；③位于周围的含有磷脂类化合物的更小颗粒。核质实际上是一种三维网状结构体。在中央体内没有核酸，核质也没有“核”的组织结构，但却具有相当于“核”的功能。

蓝藻模型图

3. 原生质体

蓝藻的原生质体分化为中央无色部分和中央体以外的有色部分，这两部分之间没有定型的膜。中央无色部分即含有核质，具有核功能的中央体；中央体以外是具有同化色素的有色部分，被称为色素质。色素质通常是一种细致的泡沫机构，包含有许多小球形的或不规则形的颗粒体，其中的大多数可能是储藏物质，具有还原酶系统的酶颗粒主要分布在靠近横壁处。原生质体内没有线粒体，也没有真正的植物液泡，有些物种具有假液泡或气泡。

4. 假液泡

营浮游生活的蓝藻物种(腔球藻属、多胞藻属、项圈藻属、微胞藻属和顶孢藻属)通常具有假液泡。在低倍显微镜下观察，假液泡呈强折光而不规则的较大黑色物体；而在高倍显微镜下，此等假液泡呈红色、深红色。这种情形可能是一种折光现象。压力或部分真空可以促使假液泡的消失。由于假液泡内含

水华

有气体，能使在水域内营底栖性或在基质表面生活的物种上浮到水面。因此，如果此类蓝藻大量聚集在水体表面，就有可能形成“水华”。

你知道吗

什么是“水华”

水华就是淡水水体中藻类大量繁殖的一种自然生态现象，是水体富营养化的一种特征，主要由于生活及工农业生产中含有大量氮、磷的废污水进入水体后，蓝藻（严格意义上应称为蓝细菌）、绿藻、硅藻等藻类成为水体中的优势种群，大量繁殖后使水体呈现蓝色或绿色的一种现象。也有部分的水华现象是由浮游动物——腰鞭毛虫引起的。“水华”现象在我国古代历史上就有记载。另外，海水中出现此现象（一般呈红色）则为赤潮。

5. 色素体及色素

蓝藻细胞内没有像真核藻细胞那样具有有组织结构的色素体，光合色素分散在色素质内。但在电子显微镜下，能观察到在色素质内含有亚显微结构的片层，这些片层有规则地排列，群集成类似于真核藻细胞色素体结构那样的类囊体。光合色素成分有叶绿素 a、α－胡萝卜素、β－胡萝卜素、束丝藻黄素、束丝藻叶素、金黄素、蓝藻黄素、玉米黄素、c－蓝藻蛋白、c－红藻蛋白和别藻蛋白等。

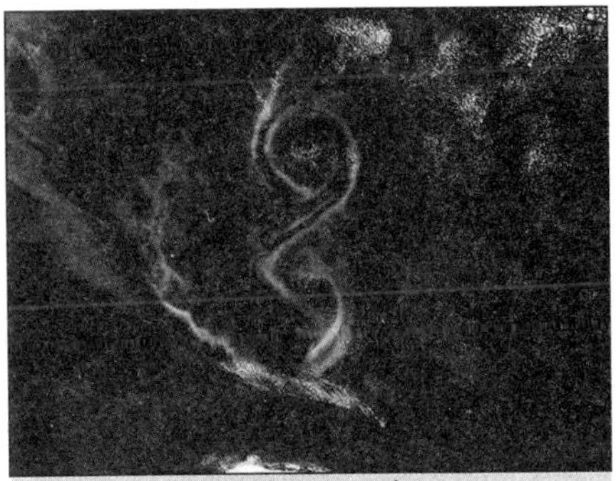

蓝色的海藻

蓝藻中不同的物种由于所含色素成分及其比例的不同，呈现出各种色彩：草绿色、蓝绿色、橄榄色、黄色、橘红色、红色、粉红色、紫红色、紫色、棕色及黑色等。但是，不同物种蓝藻的色彩并非完全由光合色素来决定，“衣鞘”所含的色素对蓝藻呈现的色彩也起重要作用。

6. 储藏物质

最初发现蓝藻色素质内含有大小、形态不同的颗粒体，是在生殖细胞内大量出现，而在生长旺期的细胞内和当处在黑暗的环境中一段时间后，这些颗粒体会逐渐消失。这种现象论证了这些颗粒体大多数是光合作用的产物——贮藏物质。藻类学家们认为：分布在色素质内所有的颗粒体的化学组成并不是同一的。其中有与淀粉十分相似的碳水化合物，称之为蓝藻淀粉；另一些光合作用产物是肝糖类物质，利用鲁哥氏液（碘－碘化钾溶液）可将该物质染成棕褐色。肝糖类物质可转化为肝糖蛋白。在电子显微镜下能观察到在色素片层之间有多糖颗粒。色素质边缘有由脂蛋白形成的蓝藻素颗粒，可用中性红染色。生活在富营养环境内的物种能产生类核染色体颗粒，在含硫的环境中生活的物种色素质内就会有含硫的颗粒。

7. 蓝藻的运动

蓝藻门内的物种没有鞭毛和纤毛，但有一些物种却有一定的运动能力，尤其是颤藻科内的物种，都具有这样的运动能力：一些物种能在衣鞘内伸缩运动，丝体可以伸出鞘外，也可缩入鞘内，从而使自身位移；另有一些物种，丝体能左右摆动，还能在基质表面上爬行，在杯中水体内培养的颤藻，往往能沿着杯壁爬出水面。

对于蓝藻能运动的解说：一种理论认为是由于藻体细胞的收缩和膨胀，通过细胞壁上有一定组织排列的孔道释放胶质而引起的；另一种理论认为，在丝体壁的表面产生平行排列的蛋白质微丝，由于微丝在附着基质表面上做顺着丝体纵向收缩摆动，在附着基质的反作用力下，导致丝体呈波浪形运动，使整个藻体向前滑动。

蓝藻的繁殖

蓝藻门物种没有有性繁殖，只有最简单的细胞分裂、营养繁殖和通过产生特殊细胞来繁衍后代。

1. 细胞分裂

蓝藻的细胞分裂没有像真核细胞有丝分裂那样的复杂过程，分裂开始，由细胞中部的细胞壁向细胞腔内产生新的细胞壁，初生如环，

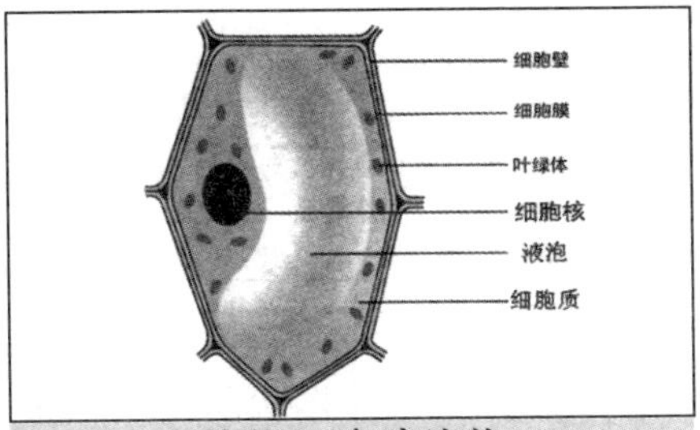

植物细胞壁结构

环形新壁逐渐向细胞中央延伸，最后把原细胞分隔成两个子细胞。蓝藻的这种分裂方式称之为直接分裂。这是蓝藻繁殖的主要方式。

2. 营养繁殖

非丝状群体的营养繁殖是一种偶然的机会，只有当群体的胶质包被破裂时才出现。如果一种群体的胶质包被是柔软而有溶解趋向的，在其分离成为2个或以上子群体以前，该群体不可能生长成为大体积群体。具有强韧胶质包被的群体，其胶质包被破裂，分成较小的群体时，通常变成许多细胞。

丝状群体的营养繁殖是在丝体不可能无限伸长的情况下出现的，如由于动物的取食、丝体内细胞的死亡、丝体内细胞间较弱的黏附而引起丝体折断；由于丝体内产生异形胞，异形胞自身就是生殖细胞；许多盘形、圆柱形细胞的丝状体能在丝体内产生若干个短的丝体分段，即藻殖段，而在藻殖段端细胞间往往形成双凹形的分离盘。藻殖段由少数几个细胞或较多的细胞组成，具有比营养丝体更强的运动能力，藻殖段形成不久，就能运动离开营养丝体，生长成新的丝体。藻殖段是丝状群体的一种重要的繁殖方式。

3. 孢子繁殖

蓝藻门物种不产生具有鞭毛或纤毛能运动的生殖细胞，只产生非运动性孢子。

(1) 厚壁孢子。这种孢子包含了原有细胞的细胞壁和原生质体，是由原有细胞转化而成的。孢子形成的开始是细胞有所增大以及营养物质的积累和细胞壁的加厚。因此，丝体的每个细胞都可能转化成厚壁孢子，但有的物种的厚壁孢子仅发

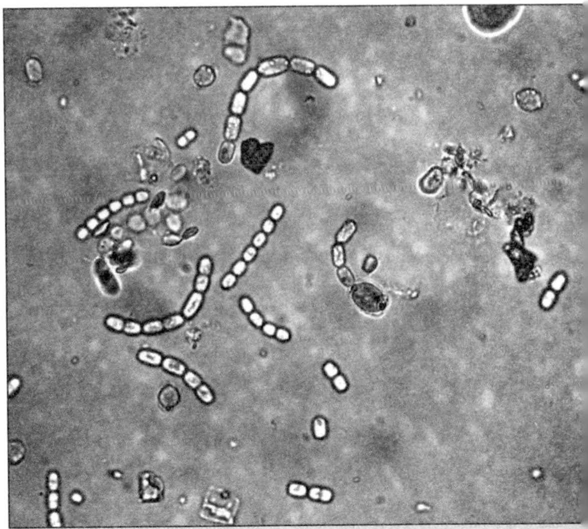
显微镜下的蓝藻孢子

生在丝体一端或异形胞的邻近。厚壁孢子可以由丝体中的一个细胞单独形成，也可由相邻的几个细胞同时转化而成。厚壁孢子有抵御不良环境的功能。当环境适宜时，孢子立即发育成新的营养丝体。厚壁孢子萌发开始于孢子原生质体的一次横裂，并能在孢子壁未破裂以前连续几次横裂，很少是在孢子壁破裂以后原生质体开始横裂或尚未横裂的原生质体从孢子壁裂口挤出来的。很多物种的厚壁孢子发育的幼丝体是能运动的。

(2) 内生孢子。这种孢子的产生是由蓝藻细胞的原生质体在细胞壁内不断分裂，形成小形的团块，并充满在细胞壁内，小形的团块就是内生孢子，原细胞壁就成为孢子囊壁。内生孢子的细胞壁是新生的，这和绿藻门内有些物种产生不动孢子的过程是相似的。

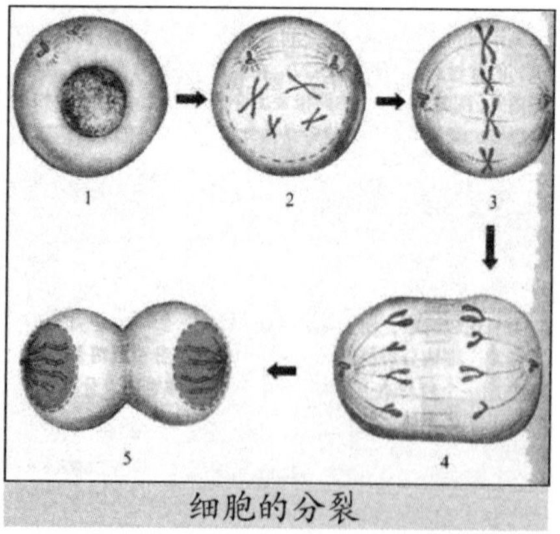

细胞的分裂

(3) 外生孢子。这种孢子的产生同样是由蓝藻细胞的原生质体在细胞壁内不断分裂，形成小形的团块，即外生孢子。与内生孢子产生方式不同之处是外生孢子在原生质体远轴一端不断产生，而不是像前者那样是整个原生质体在最后同时形成孢子。

你知道吗

什么是异形胞

异形胞是由营养细胞的变态所发生的，其细胞壁的构造、原生质体内透明内含物等都与营养细胞和其他孢子有所区别。异形胞通常是由丝体内一个细胞单独形成，少数属的物种也可由相邻的几个细胞同时形成。一些物种的异形胞是生在顶位的，而另一些物种的异形胞是位于胞间位的。异形胞被认为是具孢子性质的，能萌发成新的丝体，与厚壁孢子不是同功的。异形胞的功能与厚壁孢子的形成有一定的关系，厚壁孢子通常在一个异形胞的接邻处发生（如筒孢藻属）。异形胞与丝体断裂有关，有促成藻丝体营养繁殖的作用。另外，可能与藻丝体真、假分枝的起始点也有一定的关系。

蓝藻的分布

蓝藻类分布范围非常广，其可以概括为淡水、海水、内陆盐水、湿地、沙漠。无论是在高温温泉中，还是在寒冷的冰雪中，蓝藻都可以无忧无虑地生存，但是它更多是存在于温暖和有机物含量较高的水体中。与其他藻类相比，蓝藻好高温和强光，喜欢酸性和低氮高磷的水，淡水是其主要的生长区。因此，在淡水中，人们最常见的浮游植物就是蓝藻。如果气温比较高，在淡水中蓝藻聚集在一起并大量繁殖，形成“水华”。在我国南方地区，几乎全年都可以见到“水华”，因为高温使得蓝藻不断繁殖。另外，蓝藻在盐碱水中也比较常见。在海洋中具有重要作用的一种超微藻类就是微细蓝藻。在水体中，微细蓝藻的垂直分布情况是表层大于底层。如果是水平分布一般为下风位多于上风位，因为在平静的水中，蓝藻更容易繁殖。

虽然水华是由蓝藻繁殖形成的，殊不知，并不是所有的蓝藻都可以形成水华。据观察，形成水华的蓝藻主要有微囊藻、鱼腥藻、色球藻、螺旋藻、拟项圈藻、腔球藻、尖头藻、颤藻、裂面藻、胶鞘藻、节球藻、束毛藻……其中最为常见的是微囊藻水华，一旦它出现就标志着水体富营养化。在蓝藻水华发生的时候，空气中弥漫着腥臭味，在夜间因为缺少光，所以这些水华会大量消耗水中溶解氧，死亡后产生羟氨或硫化氢，严重威胁着水中动物和植物的生命安全，严重破坏水体生态平衡，更不利于渔业的发展。通常来说，发生过水华的水体的利用价值大大下降。如果蓝藻水华情况较为严重的话可能会导致束毛藻等蓝藻赤潮的发生，危害更加严重。

鱼腥藻

通过观察可以发现，一些蓝藻具有固氮能力。如今，国内外正在进行利用蓝藻固定游离氮的研究，此研究的目的就是为农作物肥源找到新的方法。例如，在稻田中接种培养固氮蓝藻可增加水稻产量。另外，如果把一些蓝藻，如褐色管孢藻放入水中，可以作为水质的指示生物。而泥生颤藻则是水体污染的指示生物。除此之外，一些蓝藻种类是可以食用的，不仅为人类生活提供了天然绿色食物，而且还维持人体内各种维生素和微量元素的稳定，有益于人体健康。

如果把蓝藻作为鱼类的饵料，通常的观点就是其不利于鱼类消化。然而，在我国南方的很多地区，虽然鱼池中生长着非常多的蓝藻，但鱼类生长良好。这是为什么呢？原来这些是一种名为螺旋鱼腥藻的蓝藻，它们对鲢鱼种饲养具有极为良好的效果。鱼类食用之后不会影响消化，鉴于此，我们需要重新定位蓝藻，因为以偏概全的做法只会误导我们的判断。但是，蓝藻影响鱼类消化的常识也要谨记于心，因为那些小型的单细胞种类的蓝藻的确不利于鱼类消化。

第二节 色彩鲜艳的红藻

什么是红藻

红藻是一种含有红色素的藻类，它们几乎都生长在海洋中。涨潮线以下的岩石上或较深的水中是它们的最佳生长地，而有些物种可以在深海中生长，红藻之所以为红色是以因为藻胆素的色素遮掩了叶绿素的颜色。

你知道吗

红藻的分布

红藻门植物绝大多数分布于海水中，仅有10余属，50余种是淡水种。淡水种多分布在急流、瀑布和寒冷空气流通的山地水中。海产种由海滨一直到深海100米都有分布。海产种的分布受到海水水温的限制，并且绝大多数是固着生活。

红藻的特征

1. 细胞壁

红藻的细胞壁由内、外两层组成。内层坚韧，紧贴于细胞质，由纤维素组成；外层由藻胶组成，如琼胶、海萝胶、卡拉胶等。有些物种的细胞壁上还发生钙化作用，如珊瑚藻。

红藻

比较少见的淡水红藻

2. 细胞核

红藻细胞内的细胞核数目不定，多数物种只有1个核，有的物种细胞幼年含1个核，到了老年期则含数个核，如石花菜目、红皮藻目和仙菜目中的许多种。核数目多少与体积的大小没有关系，如海头红的中轴细胞含一个大核，直径30～35微米，其周围细胞含有许多小型核。仙菜科 Ceramiaceae 藻体的轴细胞所含的细胞核也比周围细胞的大。生殖细胞里通常只具有1个核。多数营养细胞的核较小，平均直径为3微米。

核中往往有1个（有时几个）明显的核仁，此外还有发达的核网，并有染色质颗粒，染色质的含量很少。

3. 原生质体

真红藻物种所含的细胞质黏度很高，因此原生质体紧贴于细胞的内壁。一般原生质体收缩后，发生质壁分离，会引起细胞的死亡。

许多较原始的真红藻的细胞中不含明显的液泡，但大多数的真红藻，细胞内具有一个中央液泡。液泡的内容物，据实验的结果，反应不一，有碱性、中性或酸性反应，pH为4～6.8，用中性红或亚甲蓝

红藻

染色，极易着色，往往有结晶体的沉淀物形成。它们的渗透压，一般比海中生长的褐藻和绿藻低，生长在深海的红藻，一般为海水的 1.5 倍，而生活在海滨的物种则为海水的 2 ~ 2.2 倍。

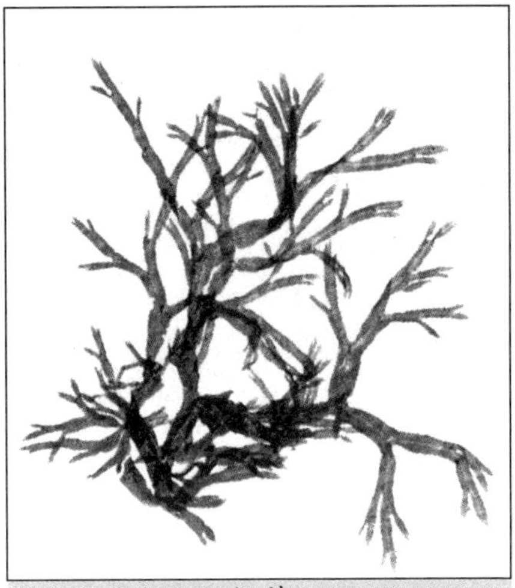
红藻

4. 色素体及色素

红藻色素体的形状、数目的多少,往往作为物种进化的标准之一。

原始的红藻细胞内只有 1 个轴生星形色素体，中央含有 1 个无色的淀粉核 (无淀粉鞘)。如红毛菜目和海索面目的许多物种都有星形色素体。

在高等的真红藻中，如胭脂藻属、赝氏藻属、阿氏藻属、角叉藻、育叶藻属等的光合作用细胞，具有大的单一侧生色素体，而老细胞的侧生色素体往往成片状或分裂，有的老细胞的色素体断裂成带状。大多数的真红藻具有侧生色素体，但色素体的形状，往往随物种的不同而有差别，甚至在同一个藻体内，不同部位的细胞，色素体的形状也不同。如绢丝藻属的顶端细胞的色素体呈透镜形；仙菜属的皮层细胞所含色素体的形状不规则，多数是四边形。一曾有人观察到真红藻类细胞中的色素体，在不同光照下能移动。

色素体所含的色素有叶绿素 a、叶绿素 d、叶黄素和胡萝卜素。另外还含有水溶性的辅助色素藻红素 (γ - 红藻蛋白) 及藻蓝素 (γ - 蓝藻蛋白)，前者含量多，后者含量少。辅勘色素与蓝藻所含有的相似，为一种蛋白质,其特征和血红素相仿。若用蒸馏水浸泡新鲜红藻，辅助色素即可以溶出，但有些种只能缓慢地从细胞里渗出。在提取液中加入硫酸铵结晶，红藻红素就能结晶沉淀而析出，过滤后再重结晶，可得到红藻红素纯结晶，此结晶为六角形。若原提取液放置几小时，就有藻蓝素结晶沉淀而析出，呈菱形。纯藻红素提取液呈现洋红色，在反射光中呈现橘黄色荧光。纯藻蓝素提取液，呈现青蓝色，在反射光中呈现暗红色荧光。这两种色素受到强烈日光照射后，多数分解，藻红素比藻蓝素对强光更敏感。这两种色素的总量和相互的比例，往往随季节的不同而有差异。

生长在深海中的红藻呈红色，是由于含大量藻红素,不含藻蓝素。生活在海滨区的红藻呈紫色、暗棕红色、红紫色，是由于所含藻蓝素与藻红素的比例不同所致。

5. 储藏物质

红藻的光合作用产品是一种多糖类——红藻淀粉,通常为小颗粒,直径为3～4微米,分布于细胞质中,也有的附着于色素体上，但不被色素体包埋。这些小颗粒有时密集在细胞核的周围，若在有淀粉核的细胞里，则围于淀粉核的四周。

大的淀粉粒呈盘形或锥形，一面下陷，此点是淀粉粒与色素体连接的地方，另外有的呈不规则的多角形,上面出现纹层,如果稍加压力,淀粉粒上出现放射状的裂缝，由此可知，淀粉粒呈球状。这些颗粒呈现双折光，如放在尼古尔氏柱间观察，这些颗粒若在沸水、烧碱溶液、水合氯醛、碘液中就膨胀，膨胀的颗粒用碘处理时就出现2个区，中央为黑色，周围色浅。如用碘液直接处理红藻淀粉颗粒，颜色由黄色变成黄褐色，再转成红色，最后出

紫菜

现紫红色或蓝色。如先用沸水或水合氯醛处理，使其膨胀，再用碘液处理则现紫色或蓝色。

许多红藻的光合作用产品是溶解的糖类，有些红藻体中有硝酸盐存在，特别是在老藻体的部分含量较为丰富。碘化物也往往存在于红藻类的特别细胞里，维生素在紫菜里特别丰富。

红藻的繁殖

在红藻的繁殖过程和复杂的生活史中，没有游动细胞阶段。这是红藻门物种的重要特征。

1. 无性繁殖

无性繁殖仅在红毛菜亚纲的某些单细胞藻中以细胞直接分裂的方式进行繁殖。多数物种是由孢子体的营养细胞形成孢子囊母细胞，由它经过减数分裂,产生四分孢子囊，其中有4个孢子，为单倍体。它们在形态上完全一样，但在本质上有性的差别。实验证明，2个孢子萌发成雄配子体；另外2个孢子萌发成雌配子体。四分孢子囊分裂的方式有十字形、四面锥形及带形。此外有少数红藻的孢子体产生多室孢子囊，这一类型是四分孢子囊的变态。个别物种的配子体上也可以生成单孢子囊，每个孢子囊里产生1个孢子，为单孢子，这类孢子可以说是单性生殖孢子的变相孢子。单孢子同样可以繁殖成新的植物体。

2. 有性繁殖

红藻的有性繁殖方式都是卵式生殖，过程非常复杂，在藻类中是非常特殊的，也是藻类植物高级进化的表现。

雄性繁殖器为精子囊，由它产生不动精子，如紫菜属的物种，精子囊由普通营养细胞横、纵分裂而成数个精子。真红藻纲的物种，精子囊母细胞有的由皮层细胞形成，有的由特殊的丝体形成。前者所产生的精子囊常分布在藻体表面或集生成群，后者精子囊有的呈伞房形排列，有的集生成精子囊群枝，丛生成葡萄状或其他形状。每一精子囊形成1 ~ 2个不动精子。精子成熟时，囊壁破裂释放出精子。

紫菜食品

雌性繁殖器为瓶形果胞，上面延长部分称受精丝。红毛菜纲果胞的受精丝短，为原始形态；真红藻纲的果胞受精丝细长。受精丝延伸到藻体表面上，便于接受精子。精子成熟后从精子囊中散出来，然后随水漂流，到达受精丝顶端开始进行受精。最初精子被黏附在受精丝上，接触处融解，精子核经受精丝进入果胞基部，与卵核合并形成合子。合子不离开母体，经过减数分裂或不经减数分裂继续发展，形成果孢子体，一般称为囊果，其中产生许多果孢子。

红毛菜亚纲的藻类由于合子核经过减数分裂，因此所产生的果孢子为单倍体。真红藻亚纲的海索面目合子核也进行减数分裂，但由果胞直接产生分枝丝体，成为产孢丝，由它形成果孢子囊，所产生的果孢子也是单倍体。其他目的物种受精后，果胞会产生连接管与另外的辅助细胞联合，合子核经过连接管进入辅助细胞，再继续分裂，同时辅助细胞形成产生分枝的产孢丝，由产孢丝的全部细胞或部分细胞形成果孢子囊。由于合子核未经过减数分裂，因此所形成的果孢子为双倍体。

你知道吗

红藻喜欢在哪里生存？

红藻类植物有2500多种，它们的藻体有紫色、紫红色或米黄色；形状主要有丝状、片状或叶状，还有许多是囊状、管状、圆柱状或树枝状；生长在低潮线附近或低潮线以下的20～30米地方。有些物种还可以在250米深的海里生长，常常成为深水植物群体中的优势物种。这些红藻之所以偏爱在海洋深处生存，是因为它们具有吸收短波光的光合色素——藻红蛋白。这种藻红蛋白能吸收波长为490～510纳米的光。

红藻的代表植物

红毛菜：藻体浓紫褐色、黄色或淡黄色，极软，干燥时呈现光泽，单条直伸或稍屈曲，幼时为一列细胞，进行繁殖时为数列细胞，藻体3～15厘米长，生于高潮带的岩石上。

紫菜：藻体是由单层或双层细胞组成的叶状体，基部由盘状固着器固着于基质上，体长一般为15～20厘米，个别藻体可达50～70厘米。

从我国海南岛东北部一直到北方的沿海，紫菜都能生长。常见的有：甘紫菜，条斑紫菜，边紫菜。南方常见的有：坛紫菜，圆紫菜，长紫菜等。紫菜含有丰富的蛋白质，多种维生素和无机盐，营养价值较高，是我国人民自古以来就喜欢食用的海藻。

海索面：藻体深紫红色，黏滑圆柱形，单条，很像紫色挂面，高10～12厘米，髓部由丝状丝形成。生于中潮带或高潮带浪花能打到的岩石上。

具钩海门冬：藻体深玫瑰红或紫红色，缠面结于其他藻体上，高5～7厘米，分枝稠密，主枝、分枝均为圆柱形，分枝末端的小枝有的膨大弯曲成钩形，长约5毫米。

挂着的紫菜

石花菜：藻体紫红色，线状，直立丛生，有羽状分枝，上部枝较密，下部枝略微稀疏，基部假根无色，直立部 10 ~ 30 厘米高。石花菜是温带性海藻，多年生，一般生于低潮线下岩石上，在北方生长的水层较浅，在南方生长的水层较深，水流急而清的地方生长良好。石花菜是制造琼胶的主要原料。也可制冻粉，是一种很好的副食品。

鸡毛菜：藻体紫红色，直立，枝扁压，羽状分枝，基部由纤维状的假根固着于基质上，体长一般可达 5 ~ 12 厘米。生长在潮间带的石沼内或低潮带附近的岩石上，在黄海、渤海沿岸都能生长，可作琼胶的辅助原料。

粘管藻：藻体红色，体质柔软，黏滑，圆柱状，老的稍呈管状，具有一条主干，有时下部有分枝，分枝上又生出更缩小的分枝。生于潮间带高潮线岩石上。

海萝：藻体紫红色，丛生，圆柱形，叉状或不规则分枝，分枝基部略为收缩，顶端圆或尖细；有盘状固着器，体长最长可达 15 厘米，但一般都在 10 厘米以下。海萝生长在中潮带的岩石上，耐干性比其他海藻强，一般向着波浪和阳光方向生长。

蜈蚣藻：藻体紫红色，柔软稍黏滑，丛生，直立枝扁平，线状，

蜈蚣藻

基部生一盘状固着器，有的分枝中间是空的或全部分枝都是空的。体长为7～25厘米。蜈蚣藻除食用外，还可以作驱虫药。

海头红：藻体玫瑰红色，扁平具有小羽状分枝，体高7～15厘米，生于低潮线的岩石上。

红羚菜：藻体紫红色或黄色，圆柱形，向各方向分枝，分枝的基部及顶端较尖细，体高10～15厘米，生于低潮线附近岩石和沙砾上，可作为糊料。

麒麟菜：藻体紫红色，多肉，软骨质，具有不规则分枝，枝稍扁压或为叉状，周围生出疣状突起，突起为刺状或疣状。

麒麟菜为热带性的海藻，盛产于我国台湾、海南岛及东沙、西沙群岛。生于低潮线下的珊瑚礁上或岩石上。它可食用，还可作琼胶辅助原料。

麒麟菜

多管藻

江蓠：藻体紫红至灰绿色，丛生，枝为圆柱状，分枝，高为15 ~ 60厘米，生于低潮带附近沙砾上。江蓠含有胶质，可作制琼胶的辅助原料。

叉枝藻：藻体为暗红或紫红色，坚硬，具有两歧分枝，丛生，生于低潮线附近岩石上。叉枝藻含有胶质，可作制琼胶的辅助原料。

三叉仙菜：藻体紫红色，也有略带黄色的。藻体纤细，直立，丛生，分枝茂盛，有两个叉、三个叉或四个叉，有不明显的节。生于低潮带的岩石上。可食用，也能做琼胶原料。

橡叶藻：藻体鲜红色叶状，边缘具有稀疏的锯齿，叶片中部有明显的中肋，高1 ~ 4厘米，生于潮带岩石上。

多管藻：藻体鲜红色，质稍硬，不滑，丛生成束，为细长的丝状体，一般无主枝，为羽状双分枝，分枝较密，高约20厘米，生于低潮带岩石上。

你知道吗

什么是鹧鸪菜

鹧鸪菜：藻体暗紫色，干燥后变黑，丛生，高1 ~ 4厘米，叶状，扁平而窄细，具有不规则的叉状分枝，叶片中央有明显的中肋。它生在温暖的海区、河口附近高潮带的岩石上。鹧鸪菜是我国劳动人民自古以来用来驱除蛔虫的药用海藻。

第三节　低调的褐藻

认识褐藻

褐藻也是一种藻类植物。褐藻的细胞内部富含多种维生素，如叶绿素、胡萝卜素、墨角藻黄素和大量的叶黄素……褐藻并不一定是褐色的，它会随各种色素的比例变化而变化，呈现黄褐色或者是深褐色。海带多糖和甘露醇是其光合作用的产物。褐藻大部分为海产，种类繁多。到目前为止，褐藻在我国只有两种是淡水产，即层状石皮藻和河生黑顶藻，它们都生长在四川北碚嘉陵江。

总体来看，褐藻门是一群较高

褐藻收集

级的藻类构成的，大陆沿岸的冷水水体是它们主要的聚集地，在淡水中不多见。而这些藻类具体是什么颜色则是由褐色素(墨角藻黄素)与绿色素(叶绿素)的比例决定的，一般呈现出从暗褐到橄榄绿的变化。在充气的气囊作用下，叶状体的光合部分浮于或接近水表。所有的褐藻都有不同的形状和体积，从呈异丝体的附生藻到复杂、巨大的大型褐藻。褐藻中的一个重要类型就是岩藻,它们浮生或附生于岩石海岸。关于其繁殖情况，褐藻行无性和有性生殖；动孢子和配子都有2根不等长的鞭毛。之前碘和钾碱的主要来源就是褐藻，而现如今褐藻胶也离不开褐藻。现如今，褐藻被应用在很多领域，可以作肥料，也可以成为人类的食物。总之,其用途颇多。

褐藻门种类繁多。除了少数属种生活在淡水中外，其他的都生活在海洋中，是重要的海洋生物。根据它们世代交替的有无和类型，一般分为包括等世代纲、不等世代纲和无孢子纲在内的三个纲。

在之前，根据生活史中世代交替的有无和类型的不同，把褐藻分为3纲11目，生活史中具有同形世代交替的归于同形世代纲，生活史中具有异形世代交替的归于异形世代纲，仅有有性生殖而无世代交替的归于圆孢子纲。然而，仅以生活史作为分类的标准是不科学的。

褐藻

近年来，关于褐藻的分类问题，各国藻类学家都持有不同的观点，有的仍然认为褐藻是金藻门的一个纲，但大多数的藻类学工作者坚持它们是独立的一个门的观点，将其分为褐藻纲1纲，另外，又根据生活史的类型、生长方式、藻体的构造、色素体是否含有蛋白核等特征分为13目：水云目、黑顶藻目、线翼藻目、索藻目、马鞭藻目、毛头藻目、网管藻目、萱藻目、网地藻目、酸藻目、海带目、墨角藻目及德威藻目。到目前为止，我国拥有除了马鞭藻目、线翼藻目和德威藻目在外的10

个目。

褐藻的特征

1. 细胞壁

褐藻物种的细胞均具有细胞壁，其内层为纤维素，外层为藻胶质。藻胶质含有几种不同的藻胶，存在最广泛的为褐藻糖胶，又称墨角藻素，在海带属、墨角藻属中的含量较多；其次是fucin，它是类似于褐藻胶的化学物质，但含有硫。有些物种的细胞膜含有胼胝质，如海带属的“筛管”就存有胼胝体。团扇藻属的细胞壁有钙质化的现象，在黑顶藻目和团扇藻属中还曾发现有铁元素的沉积。

2. 细胞核

褐藻的细胞核与绿色维管束植物的细胞核相似之处在于：细胞核有一层核膜；一个较大的、易被染色的核仁(有些种类有2个核仁)，核仁在有丝分裂的时候比较明显；有染色质网状体组织；细胞核的分裂是有丝分裂。褐藻的细胞核一般比其他藻类的细胞核大得多。如黑顶藻目的顶端细胞，最易观察到大型的细胞核。每个细胞都是单核，只在海带属的极少数物种中发现有多核的细胞。

褐藻

3. 液泡

褐藻细胞的原生质体内一般都有许多小液泡，如黑顶藻目，少数物种的细胞内具有较大的液泡，如网地藻 Dictyotasp。这些液泡可以用中性红或亮甲基蓝来做活体染色，呈中性或碱性反应。液泡内pH值最低是酸藻属呈强酸性，pH值可达1，不同物种的液泡有的呈中性、有的呈碱性、有的呈弱酸性，黑顶藻目、海带目的液泡就带有微酸性。

4. 色素体及色素

褐藻的色素体多数粒状、侧生。也有少数物种的色素体呈轴生星状、螺旋带状、分枝带状或板状。有些物种的色素体随着光照强度的变化可以改变本身的位置，如在光照强度不太强时，色素体靠近外壁；强光时，则移到内侧。也有些物种的色素体能够随着生活环境的改变而改变它的位置，如网地藻目，在高浓度溶液中，色素体移到表面；在低浓度溶液内，则移到侧壁。褐藻色素体含有的主要色素成分有：叶绿素 a、叶绿素 c、叶黄素、β－胡萝卜素、褐藻素（如墨角藻黄素、新墨角藻黄素 A、新墨角藻黄素 B）、堇黄素、叶黄氧茂素、新叶黄素等。由于不同物种所含的上述色素的比例不同，藻体的颜色变化较大，从橄榄绿色到深褐色不等。如网地藻属、海带属、间囊藻属和幅叶藻属中褐藻素的含量都比较丰富，而墨角藻属中褐藻素的含量却较少。

5. 淀粉核

在低级的褐藻类型如水云目中，有类似淀粉核的小球体，但在高级的类型中尚未发现。淀粉核的位置和绿藻不同，它不埋于色素体内，多数为梨形，有的圆球形，一小柄或窄的一端连接于色素体的表面，

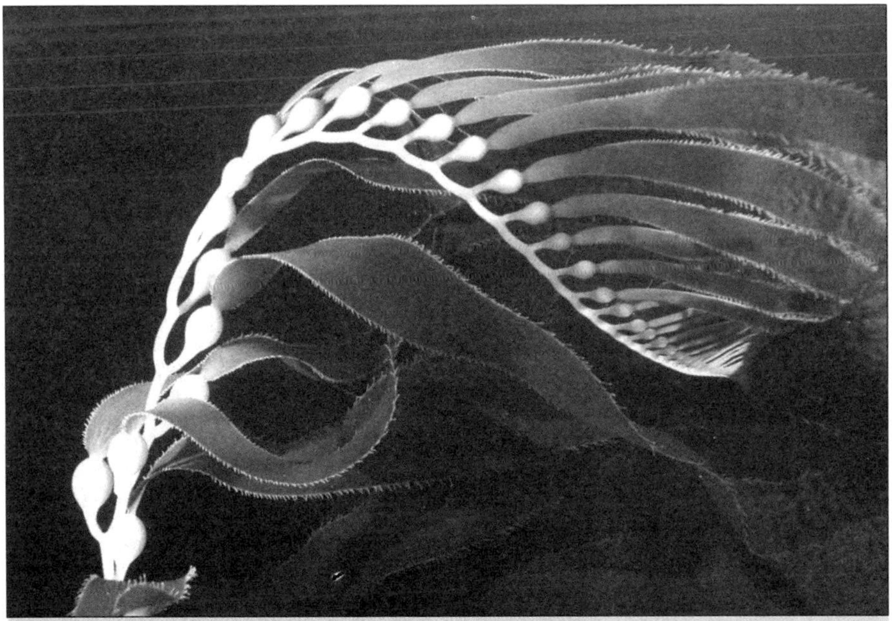

海底生长的美丽褐藻

有的以原生质丝与色素体相连。

你知道吗

人们对褐藻的疑问

褐藻的特点之一就是细胞内具有墨角藻聚糖囊。它是一种反光强、无色的囊状物。囊多位于分生细胞、光合细胞和生殖细胞等的细胞核周围，囊的大小在4微米左右，内含液体呈酸性反应，新鲜材料遇中性红变紫红色。它的来源不明，有说起源于液泡，有说起源于线粒体，也有说它是一种病态的表现。褐藻聚糖囊能进行分割和融合，随着形状的改变而具有改变位置的趋向，移动的速度快慢不一，这可能和细胞质的流动或其他物理原因有关。褐藻聚糖囊很多地方表现出单宁性质，因此有人推测它是代谢的产物。

生长最快的巨藻

巨藻属于褐藻门，顾名思义，海藻中,它的个体最大,人称海藻王,堪称植物之最。巨藻主要生长在北美洲西海岸外浅海区，其次产在澳大利亚、新西兰、秘鲁、智利及南非沿岸浅海区，一般单棵藻长数十米，有的可达100多米，最长可达300米，一棵巨藻一般重180千克。成年巨藻由三部分组成,即固着器、柄和叶片，有些像陆上植物的根、茎、叶，但没有陆上植物的根、茎、叶那样明确的分工。陆上植物根吸收土壤中的水分和养分，茎负责输送这些水分和养分，叶则进行光合作用，而藻类属较低等植物，它的全身组织没有明确的分工，它的每部分都能进行光合作用，都吸收水分和养分。它的固着器有些像陆生植物的根，分出许多假根须，把整个藻体固着在海底岩石或泥沙中，它的直径为30～100厘米。其上长有100多个细长柄，柄有韧性，可弯曲。柄的直径达0.6～1.9厘米，长度可达100多米。如将若干条柄

巨藻

拧成一条，可牢牢系住一条船而不断。柄上侧长有许多叶片，叶片长约 34 ~ 102 厘米，宽 6.5 ~ 17 厘米。每个叶片有一个叶柄，叶柄中央有一个直径 2 ~ 3 厘米，长 5 ~ 7 厘米的圆筒状气囊。由于每个叶柄上的气囊作用，使藻体漂浮在水中和海面，不会因为它的个体大和重而堆积在一起。巨藻叶片表面粗糙，边缘锯齿状。它的生长速度很快，一天可生长高达 60 多厘米，一年可长到 50 多米长。所以它生长繁茂，有时几百平方千米的海面和它下面 100 ~ 200 米深的水体里都被巨藻的叶子覆盖，走进这样的巨藻区，犹如走进海底森林，它为许多鱼类和其他浅海生物提供了一个良好的栖息场所。就像陆上的森林中，除了各种树木之外，还有大量的其他动植物生活着，组成一个庞大的生物群落。

巨藻适合生长于水温 20℃以下的海域，寿命长 8 ~ 12 年，如果每公顷海域有 100 棵巨藻，每年可产鲜藻重 750 ~ 1200 吨，是植物中生产力非常高的一种藻类，每年净生产力可达每平方米 1000 ~ 7000 克碳，比陆上热带雨林要高得多。

巨藻与鱼类

你知道吗

巨藻的食用价值很高

巨藻的食用价值与莴苣、芹菜相似，它含有 9.2％的蛋白质和多种维生素、矿物质，可做食品添加剂，也可加工成饲料，用以喂养羊和鱼类等。此外，巨藻还含有谷氨酸、丙氨酸等 18 种氨基酸，还可做药用，提取碘、钾和甘露醇等。由于巨藻的经济价值和医药价值高，它已经成为许多国家养殖的重要藻类。中国 1978 年首次从墨西哥成功地引进巨藻，在大连、青岛和浙江进行养殖，已获得成功，目前已经形成规模养殖。它可以 3 个月收割一次，不需要再种植。巨藻靠孢子繁殖后代，它长到一定时候会长出孢子，孢子成熟后长出小巨藻，所以又属孢子植物，在植物的进化中它属于低级阶段。

一般植物光合作用的太阳能转化效率为 2%，由于巨藻生长速度快，它的光合作用太阳能转化效率

鱼儿在巨藻中穿行

比其他植物高，能够储存更多的能量。据测算每公顷巨藻每年产鲜藻重 750 ~ 1200 吨，相当于每年能将 400兆焦耳的太阳能转变为化学能，由此可见巨藻的能量储备是相当可观的。目前，人们对巨藻的兴趣，不仅是它的巨大的食品和药用功能，并着手利用它能量。人们试想找到一种细菌能将巨藻分解为甲烷，甲烷是天然气的主要成分，如果这样，巨藻可代替石油或煤作为生物能源来开发，成为一种洁净的能源。据估计，只要种植面积相当于中国国土面积 2% ~ 3%的巨藻，其产生的甲烷可满足中国目前可燃气的需要，这样一种新兴的洁净能源的开发工程，吸引了许多专家、学者和工程技术人员的兴趣。人们可以大规模地建立巨藻的海上农场或牧场，为开发这种生物能源作准备。日本、美国在这方面做了不少研究，也在大规模养殖巨藻，并进行海洋能源农场的试验和构想。

褐藻的繁殖

褐藻的繁殖方式包括无性生殖和有性生殖两种方式。

1. 无性生殖

无性生殖主要包括营养繁殖和孢子繁殖两种类型。

（1）营养繁殖。一种是在幼期或成熟藻体上可以通过断折进行繁殖。通常固着生长在岩石上的藻体，垂直割裂成几部分，而每一部分仍固着在基质上，再长出新枝，于是一个个体变成了一丛藻体。另一种营养繁殖是在藻体上形成繁殖枝。如黑顶藻属的藻体上能形成有繁殖作用的二叉或三叉分枝，这些小枝脱落后附着基质上，长成新的个体。此外藻体也可以断折，与母体分离，漂浮在水中再生长成新藻体。

（2）孢子繁殖。褐藻除圆子纲

褐藻上的小颗粒

以外的物钟，都能产生裸露的游孢子或不动孢子进行繁殖。游孢子梨形，具2根鞭毛，侧生不等长，用特殊的染色方法在电子显微镜下观察，前面长的一根为茸鞭型鞭毛，有2列纤毛，后面短的一根鞭毛无纤毛。游孢子内有1个细胞核、1个色素体及1个眼点。

不同性质的孢子分别由单室孢子囊和多室孢子囊产生。

单室孢子囊由一个细胞发育而成，发生之初是由单核细胞膨大后，细胞核分裂成4，8，16，32，64或128个子细胞核，然后细胞质分割成单核的许多原生质体，许多单核的原生质体之间并没有细胞壁将它们互相分开，最后每个单核的原生质体经过变态形成一个具有双鞭毛的游孢子，或是变态成为没有鞭毛的不动孢子，随着孢子囊壁的破裂，而使其孢子释出。单室孢子囊内细胞核的第一次分裂为减数分裂，因此，产生单室孢子囊的藻体必然是二倍体的孢子体，这种（游）孢子萌发必然成为配子体。

多室孢子囊的发育同样是由孢子体的一个细胞开始，先横分裂后纵分裂，产生隔壁，形成许多小室，即由许多细胞构成，每一个细胞产生1～2个游孢子，但细胞分裂时不经过减数分裂，因此它们萌发成为二倍体的孢子体。

孢子成熟后，孢子囊壁溶解，游孢子逸出。单室孢子囊孢子的放散是通过囊壁顶端的小孔逸出。多室孢子囊游孢子的放散，首先是细胞隔壁溶解，然后通过顶端或侧面的小孔逸出。

有些褐藻（如网地藻属）以不动孢子进行有性繁殖。这种孢子没有细胞壁，没有鞭毛，因此不能自由地游动，完全依靠水流传送，其发生过程与单室孢子囊相同，但每一个孢子囊，通常只产生4个单倍体的孢子。

你知道吗

褐藻为什么能治粗脖子病

要弄清楚褐藻治疗粗脖子病的原因，先要搞清楚人们为什么会得粗脖子病。医学研究发现，得了粗脖子病的人，体内的甲状腺素都比较缺乏，也就是人体内缺少碘这种元素。因为只有在碘的参与下，甲状腺素才能够合成。如果体内缺碘，血液中的甲状腺素就会减少，人体的神经系统就会要求脑垂体分泌更多的促甲状腺素。促甲状腺素就去刺激甲状腺，要它分泌出更多的甲状腺素。海带等褐藻中含有相当丰富的碘，一般在0.1％～0.6％。如果经常食用海带，那人体内自然就不会缺碘，粗脖子病也就不可能出现了。

褐藻的代表植物

水云：藻体为异丝体，由单细胞组成，并生分枝，分枝顶端细或延伸成无色毛。孢子体产生两种孢子囊，一种是单室孢子囊，另一种是多室孢子囊。水云生于潮间带岩石上或石沼中，或附生在其他藻体上。它是海藻养殖中的有害藻类。

索藻：藻体黄褐色，干燥时为黑色，单生或丛生，圆柱状，近基部分的分枝为不规则互生，向各方面伸出，年幼时藻体富黏质柔软，老时革质。一年生，生于潮间带岩石上。

黏膜藻：藻体绿褐色，干燥时褐色，质黏滑，稍呈球状，大小不一，表面凹凸，幼时实心，长大后中空，生于潮间带岩石上，或附生在其他藻体上。

海蕴：藻体黏滑，带绿黄色，由丝状体组成假膜体，外形呈圆柱形，具有分枝，固着器为盘状，一般附着在绳藻上，在春节左右可食用。

酸藻：藻体淡黄色，分枝很多，呈圆柱形，基部有盘状固着器固着在岩石上。生活时藻体呈淡黄色，生长在寒冷的海洋中。因为他呈酸

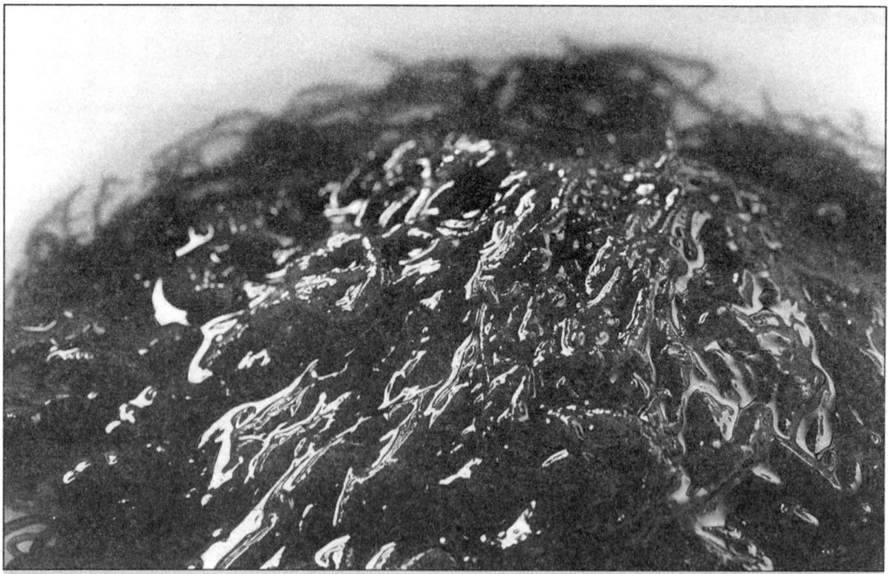

海蕴

性，所以称其为酸藻。是海藻养殖中的害藻。当它和其他海藻混在一起时，会很快使其他海藻腐烂。

点叶藻：藻体为褐色的叶状，顶端稍钝圆，不分枝，柄短，固定器为圆盘状。高 10 ~ 18 厘米，宽 3 ~ 7 厘米。在叶面上散布着暗褐色斑点。生长在低潮线附近岩石上或附生于其他藻体上。

萱藻：藻体黄褐色，单条，圆柱形管状，每隔 1.5 ~ 8 厘米有一收缩部(关节)，在两关节之中膨大，似豆荚；顶端和基部尖细，固定器呈盘状。高 15 ~ 70 厘米，丛生在潮间带岩石上,春冬季节生长繁茂。

囊藻：藻体暗褐色，中空囊状，球形，直径 4 ~ 10 厘米。生于潮间带低潮线附近、岩石上或附生于其他藻体上。

囊藻

幅叶藻：藻体绿褐色或橄榄色，质软，披针形或倒卵形，基部软短，固着器呈盘形。一般长 6 ~ 12 厘米，生于低潮线岩石上。

绳藻：藻体褐色，呈不分枝的鞭状，中空，顶端细，固着器为盘状，往往由同一固着器生出几个藻体，长 1 ~ 4 米，生长于低潮线附近岩石或贝壳上，上部鞭状体浮于水面，可食用。

海带：海带是褐藻中我们最熟悉的一种。原产于日本海，现在已自然生长在辽东和山东两个半岛的肥沃海区，如大连、烟台、青岛等地。近年来，我国沿海劳动人民经过多次科学实验，已在东海、南海移植成功。目前海带的人工养殖已在全国沿海普遍进行，养殖面积年年扩大，单位面积产量日益增长。

海带是根据它的形状像带子而得名的。它的长度一般为 2 ~ 4 米，宽为 20 ~ 30 厘米，生长茂盛的长可达 6 米以上。

海带为褐色，在藻体上能明显地分出叶片、茎和固着器三部分。固着器是海带的根，但不能起高等植物根的作用。在固着器上生有分枝，分枝的末端有一个吸盘，将藻体固定在岩石上。叶片像一条带子，叶子中间有两条浅沟，叫中带部，比较厚，边缘有较薄的褶子。

海带有很高的经济价值，除食用外，还可以提取碘、褐藻胶和甘露醇等工业原料。

裙带菜：裙带菜也是一种大

的褐藻，它能忍受高水温，因而在暖流海区生长较好。我国辽宁、山东、浙江等省沿海都能生长。它的幼苗与海带的幼苗相似，山东沿海群众通称它为海带。也有叫它“海带菜”的。

你知道吗

藻类都是植物吗

藻类的种类复杂多样，实际上它们之间并无明显的亲缘关系，在生物演化历史中都是相对独立的。藻类涵盖了生物中的原核生物界、原生生物界和植物界。蓝藻和一些生活在无脊椎动物中的原绿藻可划分在原核生物界。而其他藻类则都是真核生物，其中裸藻、甲藻、隐藻、金藻、硅藻、红藻、绿藻和褐藻属于原生生物界。对于生殖结构比较接近高等植物的轮藻就划归于植物界了。

裙带菜长大后与海带有明显的区别，一般体长 1 ~ 1.5 米，宽 60 ~ 100 厘米。它的外形像一把大的破葵扇，也像裙带，所以又叫它裙带菜。它的尖端略粗大，用它附着在岩礁或其他物体上，茎扁平，当藻体快成熟时，茎的两侧就相对生长出形状像木耳的东西，俗称“耳朵”，这就是裙带菜的孢子叶。它是一年生的褐藻，在自然环境中，一般是在 11 月份开始生长，到第二年 7 月放出孢子后，就从叶片尖端开始腐烂脱落，结束一生。

鹅肠藻：鹅肠藻是生长在我国

裙带菜

东海和南海潮间带岩礁上的一年生海藻。冬季生长更为繁盛。鹅肠藻为黄褐色，叶子扁平，也有带子状的，但是叶的中间没有中肋，一般能生长到 25 厘米。它是很受群众欢迎的副食品。

网地藻：藻体褐色，扁平，有重复的两个分枝，基部有固着器固着于基质。多生于热带及温带海岸低潮带附近的岩石上。

团扇藻：藻体棕褐色，扁平扇状，无中肋，单条或呈扇状裂片，下有短柄及固着器，边缘向下卷曲。上表面和下表面都生毛，排成若干同心纹，藻体高约 10 厘米，生于热带及温带海区低潮线附近的岩石上。

网翼藻：藻体橄榄色，扁平带状，具有中肋，叉状分枝，高约 15 厘米，固着器盘形，表面生出的毛成束。丛生于潮间带下部的岩石上。

鹿角菜：藻体新鲜时为黄橄榄色，干燥时为黑色。它有圆锥形的固着器，茎多为扁圆形，茎上有重复的叉状分枝，分枝上生有繁殖能力的小枝。

鹿角菜是我国黄海特有的一种褐藻，是我国北方沿海群众非常喜欢食用的海藻。做大卤面汤时常用它做黏稠剂。此外，它含有大量的褐藻胶，质量很好。

海蒿子：海蒿子是黄海、渤海沿岸常见的一种海藻。都生长在潮间带的石沼中和大低潮线下至 4 米深的岩石上。是一种多年生的，一年四季都可以生长的海藻。藻体为褐色，一般可生长到 30 ~ 60 厘米高，个别的能达到 1 米高。它的固着器为盘状，主干为圆柱状，主干的两侧生有羽状形的主枝，主枝上生有侧枝，侧枝上又生出许多披针形或倒卵形的分裂叶。气囊为倒卵形或球形，多生在枝梢上。生殖托为圆柱状。海蒿子可作饲料、肥料和工业原料。

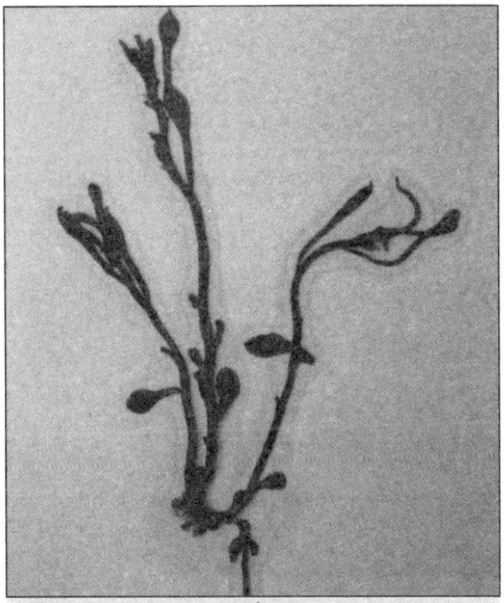

海蒿子

羊栖菜：羊栖菜是我国沿海各地分布很广的一种食用海藻。藻体黄褐色，肥厚多汁，一般能生长到 15 ~ 40 厘米，有的也能生长到 2 米以上，它的固着器为圆柱状的假

羊栖菜

根，假根的长短不一致，主干为直立圆柱形，生有小枝，有的小枝顶端膨大，中间是空的。内含有气体，有帮助藻体浮起的作用，通称为“气囊”。也有的小枝两端稍细，中间为圆柱体，是羊栖菜的叶子，叶和气囊不一定同时生长在同一藻体上，有些羊栖菜终生只生有枝、叶。羊栖菜除食用外，还可以作药用。

海忝子：海忝子是在黄海、渤海沿岸比较常见的一种多年生海藻。它多生长在背浪的地方，从低潮带到大干潮线下，4 米处深水层中都能生长。藻体为暗褐色，一般高 50 ~ 100 厘米，有的可生长到 3 米。固着器为盘状。在圆柱状的主干上，生有多条主枝，主枝上生有叶片。小枝上生着椭圆形的气囊，生殖托为圆柱状。海忝子可作饲料、肥料和制胶原料。

第四节　其他海洋藻类

硅藻

在所有的藻类植物中还有一个类群，那就是硅藻，关于硅藻的属门问题，有人将其定为硅藻门，有人定为硅藻纲。硅藻为单细胞，很少为群体。从硅藻的结构来看，细胞壁由于高度硅质化，所以成为坚硬的壳体，壳体包括上、下两个半壳。在光合作用下，硅藻产生了叶绿素、胡萝卜素、岩藻黄素、硅藻

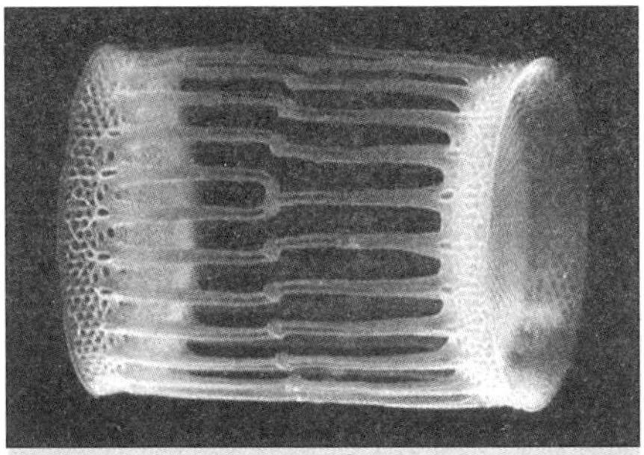

硅藻

甲黄素等，所以，黄绿色或黄褐色是其主要颜色。

硅藻大多数为水生，以浮游生活为主，除此之外，也有一些种类附生在水中各种基质或其他水生植物体上。同时，在土壤中也生存着少数硅藻。

由于硅藻细胞壁外的胶状膜可以吸附放射性物质，所以，硅藻可以作为放射性物质的指示植物。除此之外，还有一些硅藻有很强的耐油性，可以作为油污染的指示种，如普通等片藻。

并不是所有的地区都适合硅藻的生长，因为它的地域分布受到各种因素的影响，如地区、季节、水温、盐度……所以，不同地区有不同的指标种。有一些硅藻分布非常广，有非常强的适应性，同时还可以指示污染，对人们起到警示作用。

硅藻是一类低等植物，它的种类非常多。它不仅生活在海洋中，在淡水和潮湿的土壤中，硅藻也可以大量繁殖。硅藻种间的个体差异非常大。虽然硅藻属于单细胞，但是这个单细胞有细胞壁，而且这个细胞壁与其他植物的细胞壁有很多不同。硅藻的细胞壁由大量的硅质组成，分为上下两部分，上面的盖叫上壳，下面的底叫下壳，上壳套住下壳，而且在上下壳面上有非常精美的图案，非常漂亮。

你知道吗

什么是低等植物

低等植物指是藻类、苔藓和蕨类植物。除了蕨类植物与草本植物比较难分一点，藻类和苔藓看到了就可以明白，辨别蕨类植物有个很简单的方法，看它的叶的背面，有没有孢子囊，在蕨类植物的叶背面都会有一个个黑褐色的小点，那就是孢子囊，是蕨类植物繁殖的依仗。

硅藻的生活需要依靠太阳光和水中的无机物。每当春季来临，天气转暖的时候，这些小植物就会复苏。明媚的阳光为浮游植物的生长提供了非常好的条件，所以，它们的繁殖速度非常快。不久之后，它们就铺满了整个海面。如果没有阳光，硅藻是无法生存的，因此，阳光充足的水体表层是它们的聚居区。既然硅藻无法运动，那它们是如何待在水面表层而不沉到水底去的呢？由于它们体态轻盈，浑身充满水分，再加上长了许多突起物和刚毛，长成球形，增加了浮力或摩擦力，所以它们长期漂浮在海中是一件非常容易的事情。

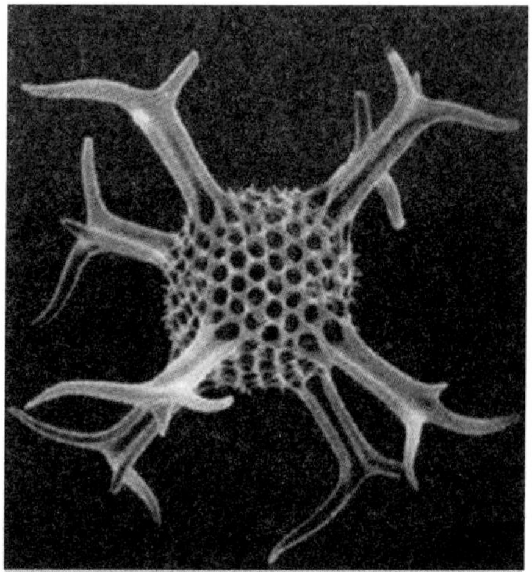

硅藻

硅藻为什么要住在海洋的玻璃屋里呢？据科学家们研究发现，这些漂亮可爱的外壳实际上与他们的功能是紧密相连的。五六千万年前地球大气层内的二氧化碳越来越低，硅藻便把自己装在玻璃容器里，因为这样能帮助在容器的空间内浓缩到足够的反应物质。另外玻璃壳上那些微孔与细微的纹路让硅藻产生了一些比平滑表面更多的表面积，这些表面积让硅藻的光合作用更有效率。因为演化出这个玻璃壳才让硅藻成为地球上数量最成功的生物体。

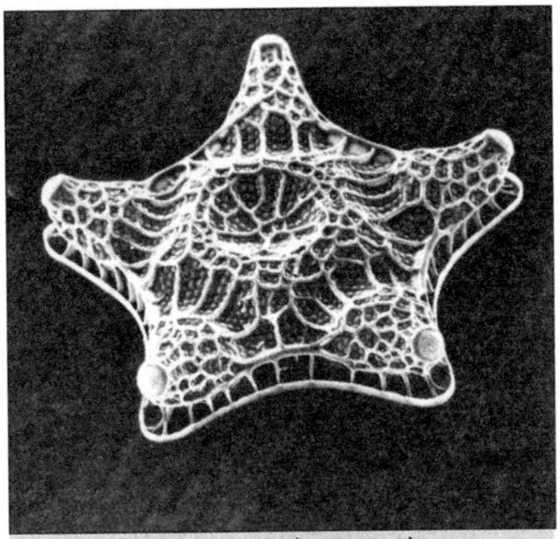

微观视野中的硅藻

直链藻属细胞短圆柱形或球形，由壳面结合成链状群体。壳环有点纹状。壳面平或凸起略成球形。海洋中常见的种类有球形直链藻和有槽直链藻。

硅藻主要有以下种类：

球形直链藻：细胞近球形，或略呈圆柱形，壳面凸起。细胞壁厚，有横条纹，直径 25 ~ 70 微米。常成链状群体，为半浮游性。

有槽直链藻：细胞圆盘形。壳壁很厚，有六角形的大孔，壳面中央有细点纹。直径 8 ~ 80 微米。它是饵料浮游生物的重要种类。

圆筛藻属细胞圆盘形，大多数是单细胞，壳面圆，有六角形或圆形的花纹，排列成种种式样。中心区有玫瑰形的花纹。花纹可以分为偏心型，直线型，束簇型和辐射型。它主要是海洋浮游硅藻。我国沿海常见的种类有：

偏心圆筛藻：细胞扁盘形，直径 20 ~ 100 微米，壳面网纹是由偏心的平行曲线交叉构成的，网纹由中心向边缘逐渐减小，壳缘有不规则排列的小棘。

线型圆筛藻：细胞圆盘形，壳面略凸起或凹入。直径 29 ~ 150 微米。壳面网纹分布均匀，是由三条偏心的平行线交叉构成，排成直线。壳缘有细的辐射平行线及明显的小棘。

辐射圆筛藻：细胞扁盘形，直径 30 ~ 180 微米，壳面网纹由中央向四周辐射排列，网孔大小不规则。

辐裥藻属细胞圆盘形，壳面扭曲成辐射状，呈圆形，有时呈多角形或三角形，中心有无纹区。常见的有波状辐裥藻；细胞壳面扭曲分成凸凹相间的六个区域，中央有六角形无纹区。凸出的壳面有明显的网纹和细点纹。凹入部分网纹不明显，点纹粗。直径 30 ~ 50 微米。这种藻为近岸种，分布很广。

小环藻属细胞鼓状，壳面圆形或椭圆形。边缘部分有辐射状线纹，

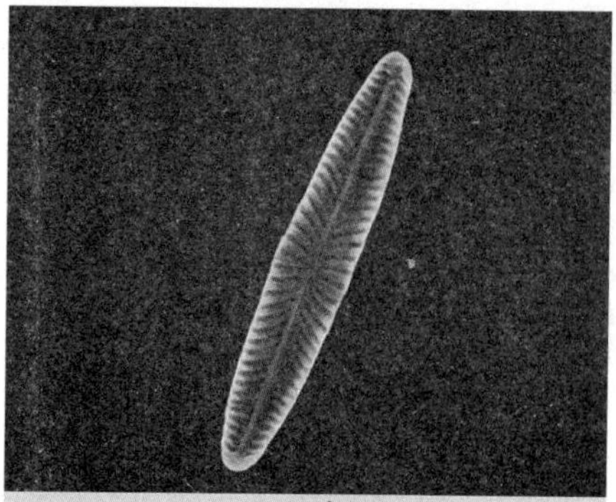
硅藻

中央区域平滑或有点纹。常见的有同心扭曲小环藻：细胞圆盘形，鼓状，直径 15 ~ 20 微米，壳面边缘部分发达，为壳面直径的 1/4，有明显的辐射条纹，中央区射出点纹。

海链藻属细胞通常为厚圆盘状，以原生质丝连成链状群体。如诺氏海链藻：细胞环面观略成八角形，由壳中央的一条细原生质线连成长而弯曲的链状群体，壳面有辐射状细点纹，边缘部分向外斜生一圈显著的棘。它是北方近岸的常见种。

骨条藻属这种藻在我国只发现一种，即中肋骨条藻：细胞椭圆形或凸透镜形，边缘棘细而直，棘的数目 8 ~ 30 根不等。它为广温性兼广盐性，分布极广，有时在沿岸内湾大量出现。

刺盘藻属细胞圆盘形，由许多细胞相连而成链状群体，壳面边缘有许多排列规则的刺毛。我国常见的种类有透明刺盘藻：细胞短圆柱形，壳面圆，直径 16 ~ 76 微米。刺毛和链群垂直，端刺向四周直射而略有曲折。

根管藻属藻体多为单细胞，但也有成链状群体。壳面多成偏心的圆锥形，前端直或弯曲成棘状突出。也有的生有长刺毛。细胞壁很厚，细胞壁上面有许多不明显的鳞片状间插带。常见的有翼根管藻：细胞直圆形，横断面圆形；间插带鳞片状，背腹各有一列。刚毛根管藻：细胞细长，细胞两端斜圆锥形，末端毛状。

盒形藻属单细胞或成链。壳面椭圆，两端有角状突起，突起的内侧往往有特殊刺毛状的棘。一般为近岸性，常见种类有：

中国盒形藻：细胞长方形，四角突起与壳轴平行，突起内侧有粗而长的刺，壳壁薄，刻纹不明显。

长角盒形藻：单细胞或成短链。隅角突起长而斜向外方，刺细而长与隅角突起距离较大，接近壳面中央。

短角盒形藻：与前一种比较，隅角突起短，多数与壳轴平行；刺细长，与隅角突起之间的距离比长角盒形藻近，而又比中国盒形藻远。

真弯藻属细胞环面呈 H 形，借壳面两端的突起连成螺旋链，细胞间隙成圆形或椭圆形空隙。我国只有一种，即浮动双点真弯藻。

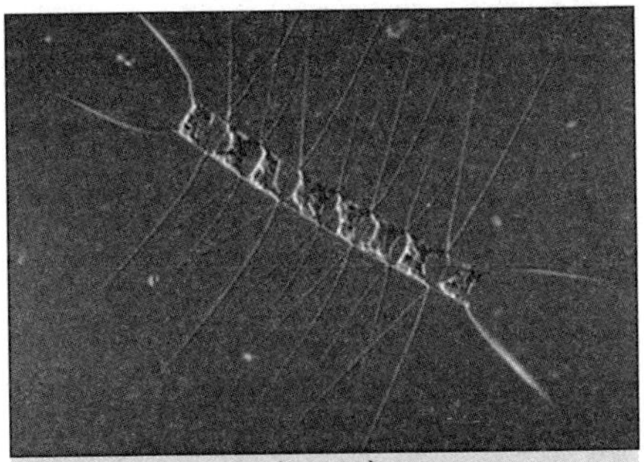
角毛藻

角毛藻属常见的种类有窄隙角毛藻：群体直链状，壳面椭圆形至纺锤形，壳环狭窄，刺毛与链轴垂直伸出，或逐渐弯向链端，端刺毛明显增大，弯转如镰刀状。

星杆藻属细胞通常为棒状，一端膨大，借壳面连接成星形或螺旋状群体。常见种有日本星杆藻：群体星形或螺旋状卷曲，壳环面三角形，中央突出一个角，壳面有细条纹。它是近岸种，分布很广。

海毛藻属细胞以一端呈星状或折曲状群体。壳面细棒形，两侧边缘有小棘。壳面有短条纹。常见的种类有佛氏海毛藻：细胞直线形，壳面一端钝圆，另一端较尖细，藻体边缘有小棘。

扇杆藻属细胞壳面棒形，环面楔形，中部有许多纵列线纹，隔片一般有两个。如短扇杆藻：壳面棒状，前端膨大而圆，后端细，细胞以窄的一端附着于胶质柄上，呈扇形或树枝群体。它常附生于其他藻体上。

舟形藻属细胞壳面大多数披针形至长椭圆形，壳面有明显的纵沟及节，条纹有细点构成。常见的有嗜盐舟形藻。

金藻

1. 认识金藻

金藻是一门藻类植物。藻体为单细胞或集成群体，浮游在水面上或附着在其他生物上。金藻一般为金褐色，其含有非常多的物质，如叶绿素、类胡萝卜素等。金藻属单细脑游动的种类，没有细胞壁，但是有细胞壁的物质种类，多为果胶。通常情况下，金藻拥有 1 或 2 根顶生的鞭毛，鞭毛等长或不等长。油类和麦白蛋白是金藻的主要贮藏食物。而繁殖方法有多种，如断裂（群体种类）、分裂、产生游动孢子（无鞭毛的种类）；有性生殖少见，属同

金藻

配接合。温度较低的清澈淡水是金藻的主要分布区。

当然，金藻也是植物分类系统中的一门。在其内部含有大量的胡萝卜素和天然色素，颜色多为黄绿色或金褐色。金藻多糖(金藻昆布糖)和油脂为主要贮藏物，无淀粉。关于金藻的分类标准可以以有无鞭毛以及单细胞或群体等来划分。

你知道吗

金藻无性生殖都有哪些方式

金藻的无性繁殖有各种方式：靠细胞分裂（如异变形虫）、游动孢子（如气球藻属）、内生孢子（如棕鞭藻属）、似亲孢子（如绿蛇藻属）、不动孢子（如黄丝藻）、厚壁孢子（如黄丝藻）等，尤其可形成内生孢子是这一门植物的特征。有性生殖也有各种方式：靠有鞭毛（黄丝藻）和无鞭毛（羽纹硅藻）的同形配子的融合、异形配子的融合（气球藻属）、自体受精（在硅藻形成复大孢子）等。

本门植物种类非常多，其中大部分为淡水产，小部分为海产。最初，海洋生物学家把黄藻纲划为绿藻纲，把金藻纲归入鞭毛藻类，并认为硅藻纲与褐藻类有关系，然而从它们的贮藏物质和颜色的相似性、营养细胞或孢子有二层套合的外壳以及形成特殊的内生孢子等方面来看，金藻应该是归为金藻门。但是由于光合色素、贮藏物质以及生殖细胞有相似性，所以又把它们与褐藻类合并总称为杂色植物门。除了根绿藻目之外，该门植物的各个目在进化阶段上都可以和绿藻类的各个目进行比较。

金黄的金藻

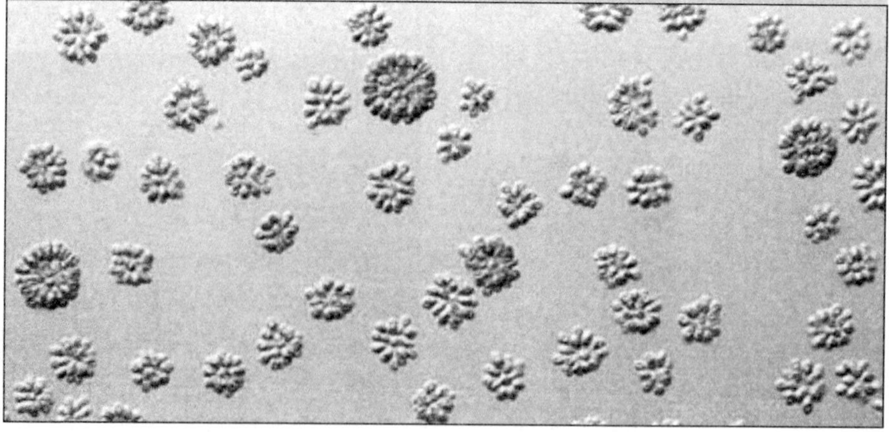

海底的金藻

从生物学种类划分来看，金藻门仅1纲，约200属，1000种左右。根据从单细胞到丝状体的进化阶段可以分为包括金胞藻目、根金藻目、金囊藻目、金球藻目、金枝藻目在内的5个目。

金胞藻目还可以称为金鞭藻目或者是金藻目。金胞藻目包括具鞭毛、能运动的单细胞或群体类型的金藻。通常来说，鞭毛有1条或者是2条，几乎不会出现3条的情况，鞭毛有长有短。金藻的细胞没有细胞壁，但其外部有微小的硅质鳞片或钙质沉淀。该目多属于浮游性种类。

通常来说，淡水是金藻类植物聚集的地方，这些淡水往往都非常高的透明度，温度较低、有机质含量也比较低。金藻繁殖旺盛的季节多为早春或者是晚秋，因为天气比较寒冷。金藻对温度是非常敏感的，在水体中多分布于中、下层。作为水生动物的饵料，浮游金藻没有细胞壁，个体微小，有着丰富的营养，所以适合幼体摄食和消化，饵料价值非常高。而海产的金藻不仅是鱼类的天然饵料，而且还是人工育苗期间的重要饵料来源。在钙板金藻或者是硅鞭金藻死亡之后，它们的遗骸就会沉于海底，最终形成颗石虫软泥，这些软泥可以形成化石，化石是坚定地质年代的重要依据。虽然金藻在很多方面都有价值，但是如果其大量繁殖必然引发赤潮或者是水华现象，导致渔业减产，造成巨大的经济损失。

2. 金藻的主要特征及形态构造

（1）金藻的主要特征。金藻的色素体为金褐色、黄褐色或黄绿色，同化产物为白糖素及脂肪，金藻大多数运动的种类和繁殖细胞具鞭毛2条，1条或3条的很少，静孢子的壁硅质化，由2片构成，顶端开一小孔。①多为单细胞或群体，少数为丝状体，多数种类具鞭毛，能运动。鞭毛两条，等长或不等长；一条或三条的很少。②细胞裸露或在表质上具有硅质化鳞片、小刺或囊壳。大多数种类为裸露的运动细胞，在保存液中会失去几乎所有细胞特征。③色素除叶绿素a、叶绿素c、β-胡萝卜素和叶黄素等以外，还有副色素，这些副色素总称为金藻素。金藻的色素体仅1个或2个，片状，侧生。贮存物质为白糖素和油滴。白糖素呈光亮而不透明的球体，称白糖体，常位于细泡后部。细胞核有1个。液胞有1个或2个，位于

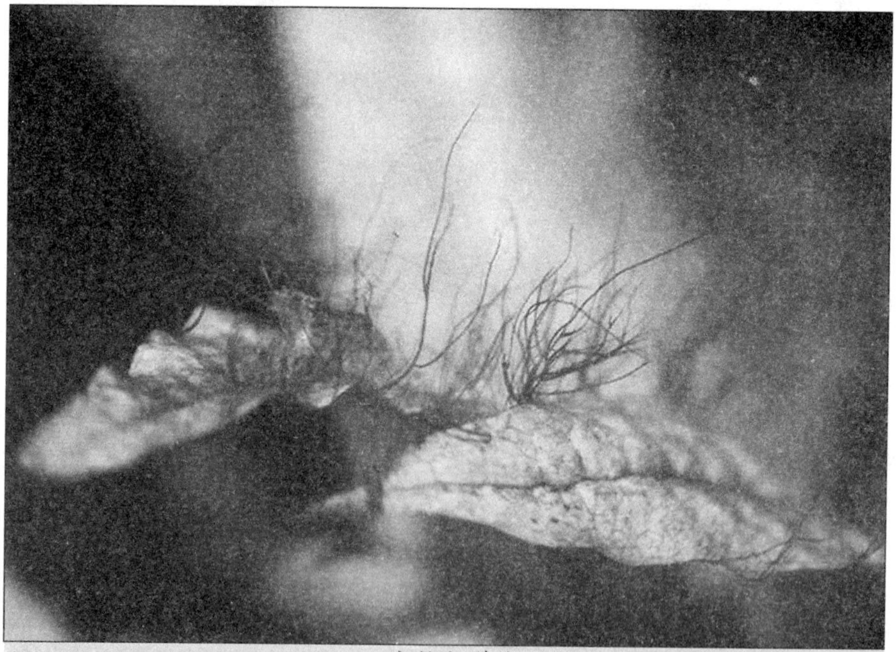

生物与藻类

鞭毛的基部。④单细胞种类的繁殖，常为细胞纵分成2个子细胞群体以群体断裂成2个或更多的小片，每个段片长成一个新的群体，或以细胞从群体中脱离而发育成一新群体。不能运动的种类产生动孢子，有的可产生内壁孢子(静孢子)，这是金藻特有的生殖细胞，细胞球形或椭圆形，具2片硅质的壁，顶端开一小孔，孔口有一明显胶塞。

（2）形态构造。①鞭毛。多数金藻为裸露的运动个体，具有2条鞭毛，个别具1条或3条鞭毛。具鞭毛的种类，无隔藻的生活史，鞭毛基部有1～2个伸缩泡。②无细胞壁。多数金藻为裸露的运动个体，无细胞壁。有些种类在表质上具有硅质化鳞片，小刺或囊壳。有些种类含有许多硅质、钙质，有的硅质可特化成类似骨骼的构造。③色素及色素体。金藻类的光合色素有叶绿素a、叶绿素c和β－胡萝卜素。色素体1～2个，片状、侧生。④副色素。副色素总称为金藻素。由于它的大量存在，使藻体呈金黄色或棕色，当水域中有机物特别丰富时，这些副色素将减少，使藻体呈现绿色。⑤贮存物质。贮存物质为白糖素和脂肪。白糖素又称白糖体，为光亮而不透明的球体，常位于细胞后端。

3. 金藻的繁殖方式

金藻单细胞运动型的繁殖，常以细胞纵分裂的方式形成2个子细胞；群体运动的种类，常以群体断裂成2个或2个以上的段片，每个段片发育成一个新的群体；有囊壳的种类，原生质体纵裂为2个子细胞，其中一个子细胞游出囊壳，固着于基质上，群体类型则附着于母囊壳边缘，子细胞原生质分泌出纤维素质的新壳；不能运动的种类，以游动孢子进行生殖。游动孢子有1～2条鞭毛。有的金藻可以产生不动孢子。

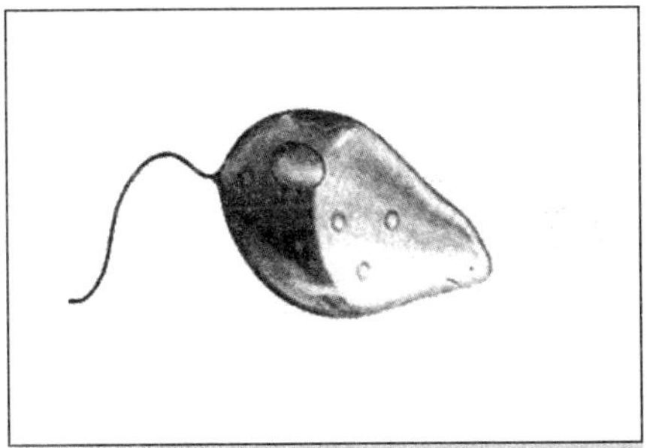

金藻细胞

形成不动孢子时，细胞停止运动并变圆，在原生质里面先分泌出一层纤维素膜，此膜渐变厚，有二氧化硅堆积而变硬，顶端有一开孔，膜外原生质经孔口移入膜内，孔口由一胶质塞子或二氧化硅化的塞子封闭起来，原生质内积累大量的金藻昆布糖和油。不动孢子可度过不良环境。有性生殖是同配，仅在少数属中发现。

4. 金藻的代表植物

（1）黄群藻属（合尾藻属）。属于金胞藻目。植物体呈球形或椭圆形，是能运动的群体。群体细胞在中央以胶质互相黏附。细胞无壁，有原生质分泌的果胶质膜，膜上镶嵌有硅质小鳞片，小鳞片覆瓦状螺旋排列，鳞片表面有刻纹或硬刺，是种的特征。细胞内有2块载色体，前端有2条不等长鞭毛。细胞分裂时果胶质膜也会分裂。

黄群藻属约有10种。在小池塘和人工贮水池中生活，于晚秋、早春或冬季可大量出现。

金藻粉

（2）锥囊藻属（钟罩藻属）。属金胞藻目。植物体单细胞或联成树状群体。细胞着生于纤维素质的钟形囊壳中。细胞内有2条载色体，眼点明显，顶端有2条不等长鞭毛，群体运动不灵活。通常进行营养繁殖，有性生殖是同配。

锥囊藻属约有17个种。多数浮游生活于贫营养的淡水中，水中有机质多时就消失，有的种也生活在酸性泥炭水体中。已知有2个种属于海产。

（3）金枝藻属。属于金枝藻目。植物体为分枝的丝状体，基部有1个细胞特化成半球形固着器，附生于其他藻体上。细胞内有2块色素体，贮存食物为粒状金藻昆布糖。生殖时在细胞内产生1，2，4，8个游动孢子，游动孢子有2条不等长鞭毛。

本属约有3种。在池塘、湖泊和沼泽地等水中，附生于其他藻体上，是罕见淡水藻类。

金藻门中常见的还有单鞭金藻属（金光藻属）和鱼鳞藻属。单鞭金藻属植物体单细胞，1根鞭毛，原生质体裸露，有的种可变形。鱼鳞藻属植物体单细胞，无细胞壁，果胶质膜上有硅质小鳞片，呈覆瓦状螺旋排列，每个鳞片上有1硬刺，1

根鞭毛，另有 1 根退化。

甲藻

1. 甲藻的分类与分布

（1）认识甲藻。甲藻是藻类植物的 1 门。除少数裸型种类外，都有厚的主要是纤维素组成的细胞壁，被称为壳。

甲藻的光合色素为叶绿素 a、叶绿素 c、β－胡萝卜素，叶黄素类为硅甲藻素、甲藻黄素、新叶黄素及甲藻所特有的多甲藻素。全世界约有 130 属，1000 多种。多数为海产种类，少数产于淡水及半咸水水体中。中国常见的淡水种类有 4 属 15 种，罕为共生或寄生性；温暖水域中的比寒冷水体中的多；海产种类的形态变化较大。

（2）甲藻的主要种类。原甲藻属海中生的种类有啮蚀原甲藻，细胞卵形，细胞壁很薄。当原生质膨胀时，将细胞壁分成左右不等的两瓣。细胞前端略凹入，在凹入部位生出两根鞭毛。

双甲藻属细胞卵形或略似心脏形，后端尖，前端或中端略宽，左右则扁。壳自中央分成左右相等的两瓣，鞭毛两根，壳面上除纵裂线两侧外，其他部位布满孔状纹。常见的种类有闪光双甲藻，有发光现象，是形成赤潮的主要种类。

裸环藻属细胞圆形或椭圆形。

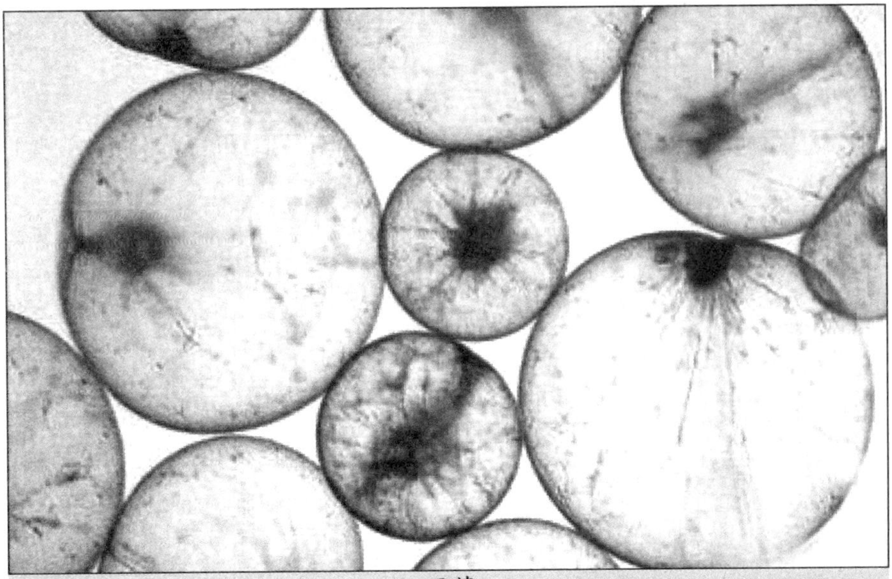

甲藻

角质膜上无纹或有条状纹，藻体为金褐色，绿色，也有蓝色或绿色的。它也能形成赤潮，如华美裸环藻。

夜光藻属藻体大，呈单细胞球形或肾脏形，成体横沟不明显，纵沟与口沟相通，末端生出一个触肢，两鞭毛退化，细胞中央为大液泡。藻体无色或蓝绿色，有时中央为黄色。它为主要发光浮游藻。每升海水中含量达到100万个藻体时，将形成赤潮。这种藻分布极广，在世界各地都有。

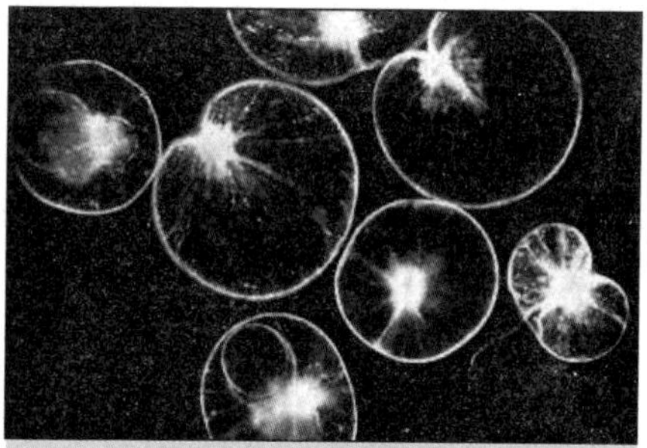
夜光藻

翅甲藻属细胞横沟的边翅伸向前方成漏斗形，壳面有孔状纹。如具尾翅甲藻。

管甲藻属藻体细长，横沟斜生于细胞前部，上壳短小，下壳很长。纵沟位于下壳前端较细的部分（颈部），鞭毛在纵沟末端，只有横鞭一条。常见的有具刺前管藻。

旋沟藻属这类藻都生在海洋里。常见的有条纹旋沟藻：细胞前端略尖，后部钝圆，末端有2至多个小

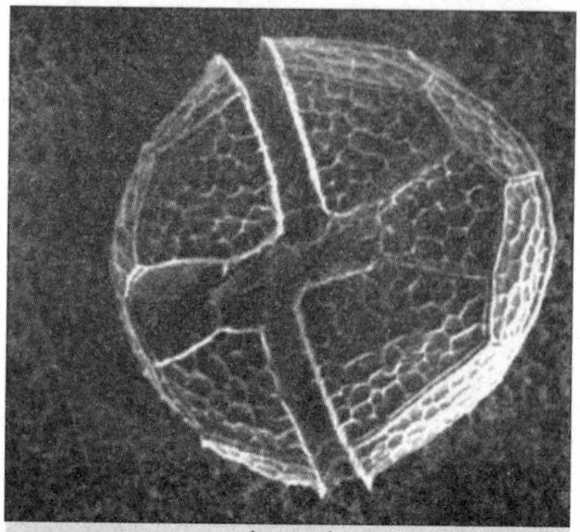
多甲藻

短刺，壳面上有明显的条纹及网纹，能发光。

多甲藻属细胞球形，椭圆形或多角形，大多数为双锥形。前端常成细而短的圆顶状，或突出成角状，后端钝圆叉分成角，或有2～3个刺。细胞腹面略凹入，因此顶面观为肾脏形，多数种类壳片上都有花纹。我国沿海常见的种类有：锥多甲藻，扁多甲藻。

角藻属是常见的浮游甲藻类，藻体为单细胞或几个细胞连成链状。细胞有一个很长的顶角，底角2或3个，海生角藻的两底角多弯曲向前，末端开口或封闭，也有的末端呈扁平片状或掌状分枝。还有些种类一个底角发达，另一个底角短小或完全退化。横沟在细胞中央，环状。细胞腹面中央为一斜方形的透明区，由数块薄片组成，纵沟即在此区的左方。透明区的右侧

有一个锥形的沟，是用来容纳另一个个体的前角以联成群体的，细胞具有许多甲片。壳面有孔状纹。常见的有三角角藻。

你知道吗

什么是球甲藻属

细胞球形，中央为一大液泡，液泡表面有原生质线与周围细胞质相连。在细胞的一侧有特多聚集的原生质，内含细胞核和许多侧生小盘状的色素体。生殖时，细胞经多次分裂形成16个月形细胞，离母体后，每个月形细胞产生4～8个游孢子，游孢子再发育成球形的营养细胞。如新月球甲藻。

（3）生态分布和意义。甲藻分布十分广泛，海水、淡水、半咸水中均有分布。多数种类生活于海洋中，几乎遍及世界各大海区，是海洋浮游生物的一个重要类群，在海洋生态系统中占有重要的地位。甲藻通过光合作用，合成大量有机物，其产量可作为海洋生产力的指标。甲藻同硅藻一样，也是海洋小型浮游动物的重要饵料之一。

淡水中甲藻的种类不及海洋中多，但有些种类可在鱼池中大量繁殖，形成优势种群，如真蓝裸甲藻是鲢鳙的优质饵料，素有“奶油面包”之称。光甲藻对低温、低光照有极强的适应能力，是北方地区鱼类越冬池中浮游植物的重要组成成分，其光合产氧对丰富水中溶氧，保证鱼类安全越冬有重要作用。

某些甲藻是形成赤潮的主要生

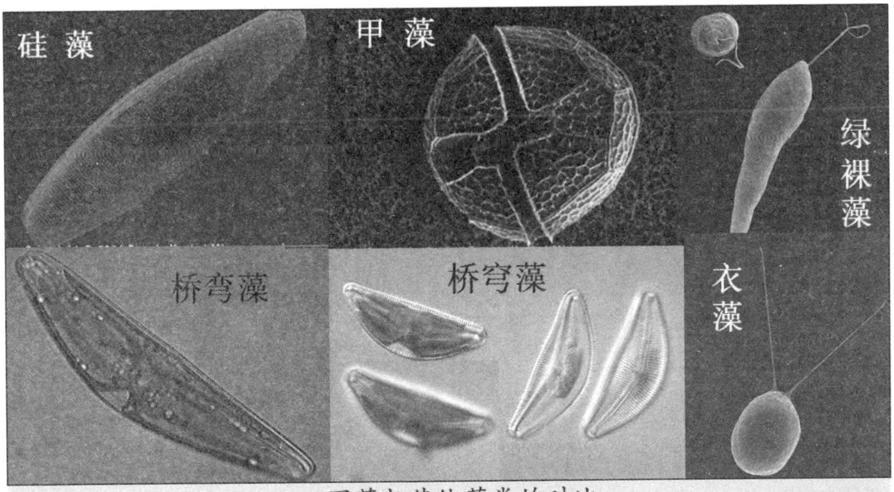

甲藻与其他藻类的对比

物，对渔业危害很大。由于引起赤潮的生物种类不同，其危害程度和方式也不同，夜光藻等赤潮种类，可使海水缺氧，堵塞动物的呼吸器官，而导致生物窒息。而有些甲藻可分泌毒素，毒害其他水生生物，如短裸甲藻，分泌神经毒素，直接释放到海水中，使鱼、虾、贝类大量死亡。多边膝沟藻则在藻体死亡后产生毒素，危害海洋生物。有些种类对鱼类、贝类不造成致命影响，但毒素可在它们体内积累，如果人类或其他脊椎动物食用了这些有毒鱼类、贝类就会引发中毒甚至死亡。

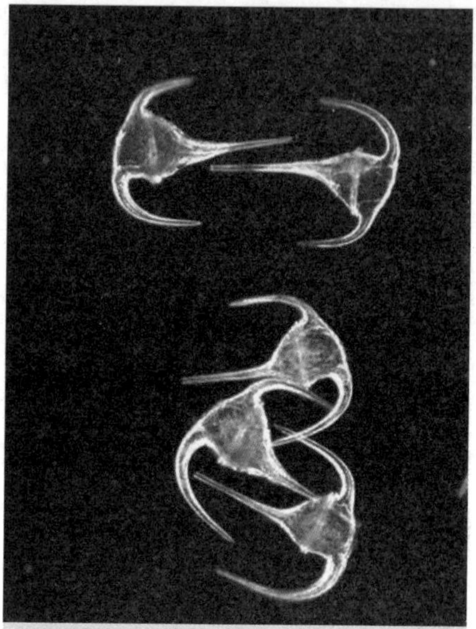
甲藻

你知道吗

甲藻能发光吗

不少甲藻具有发光能力，特别是夜光藻，细胞个体大，是研究发光生理的良好材料。另外，甲藻是间核生物，是原核生物向真核生物进化的中间型，它们的形成、分类研究，为生物进化理论提供了新的参考资料。

2. 甲藻的主要特征

大多数的甲藻为单细胞，少数种类为球胞型或丝状体。

通常来说，细胞为球形或者是长椭圆形。甲藻有的没有细胞壁，细胞裸露，但是有些有细胞壁，但是细胞壁的厚度也是有区别的，要么较厚，要么比较薄。藻由左、右两个对称的半片组成，没有纵沟和横沟。板片是横裂甲藻细胞壁的组成部分。一般情况下，板片的表面有圆形孔吻或者是窝纹，有时也会有角、刺或突起。当然，板片的形态构造和组合情况也是有标准的，横裂甲藻多具1横沟和1纵沟，而横沟也被称为腰带，在细胞中部偏下部位，横沟上部称上壳或上锥部，下部称下壳或下锥部，纵沟也称腹区，位于下壳腹面。甲藻有很多载色体，形状多为盘状、片状、棒状或带状。如果将其放在显微镜下进行观察，载色体由3层膜包围，外层为载色体内质网膜，与核膜并不相连，载色体膜为里面两层。

由 3 条类囊体叠成的束为光合片层，其含有多种元素，如叶绿素、胡萝卜素、多甲藻（黄）素、硅甲藻素、甲藻素、硅藻黄素……因为与叶绿素的含量相比，黄色色素类的含量要大很多，所以，载色体通常呈黄绿色、橙黄色或褐色。而淀粉和油是同化产物。除此之外，有些甲藻也有蛋白核。

甲藻有着非常大的细胞核，在分裂期间染色体呈现浓缩的螺旋状态；而在染色体中有非常少的组蛋白，一般情况下，DNA 的复制呈现两种情况：一种在细胞生活的周期中，DNA 不间断地进行复制，这与原核细胞 DNA 的复制非常相似；而另一种与真核细胞有相似情况，DNA 的复制有间断性，其复制需要在一定时间内进行。

甲藻细胞为有丝分裂，在分裂的时候核膜核仁并不消失，核内没有纺锤丝，染色体附着在核膜上或特殊的着丝点上。核膜凹陷形成沟管，而沟管横贯于细胞核，在沟管内的细胞质中有纺锤丝。中期没有真核所具有的中期板，后期核向两侧扩展，染色体移至核相对的两端，以环沟在核中部将核分开形成两个子核，这种核被称为中核或甲藻核。

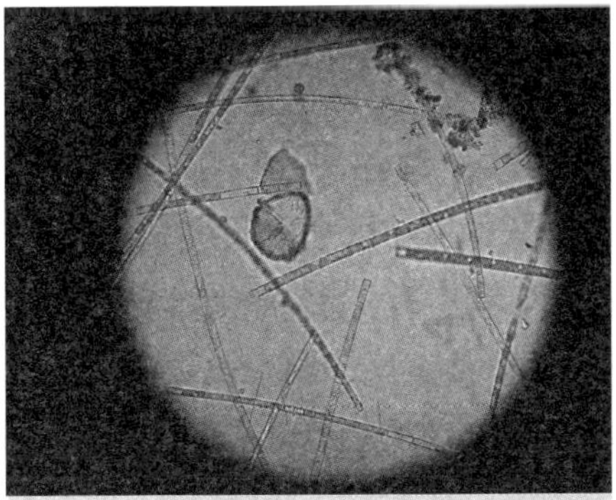

显微镜下的多甲藻

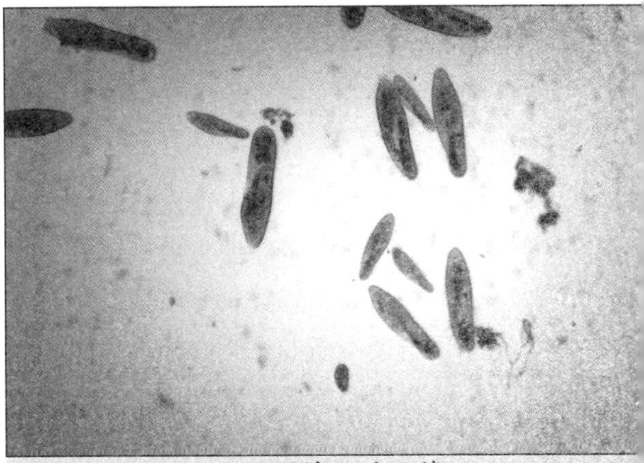

显微镜下的甲藻

甲藻的运动细胞有两条顶生或侧生鞭毛。这两条顶生鞭毛，一条直伸向前方为尾鞭型，另一条伸出后横向弯曲，为茸鞭型。从横沟与纵沟交叉处的鞭毛孔伸出的为侧生鞭毛，其中一条在横沟中，为茸鞭型，被称为横鞭毛，另一条沿纵沟向后方伸出，为尾鞭型，被称为纵鞭毛。在鞭毛鞘内有多条轴丝。

在甲藻细胞体表层有甲藻液泡，它是一种没有伸缩能力的囊状体，细胞体通过囊状体外端的一个开口与外界相通,起着渗透营养的作用。除此之外，甲藻还有一种从高尔基体长出来的刺丝胞，当甲藻遇到袭击的时候就会放出刺丝胞，只要刺丝胞被放出后就不会再收回，直到被水所溶解。

3. 甲藻的繁殖方式

甲藻的繁殖主要是通过细胞纵裂，但也不排除其他一些形式，如产生游动孢子、不动孢子和厚壁休眠孢子。

多年来，随着海水富营养化进程的加快，甲藻爆发式的增长繁殖不断出现，导致水华形成。如果水华持续不断的发生必然会导致赤潮的形成。由于甲藻密度过大，所以在其死亡之后，藻体必然会导致大量细菌的滋生，最终使水中溶解氧不断下降，甲藻毒素产生，严重威胁着渔业的发展，造成重大的经济损失。与此同时，富集甲藻细胞的动物所释放的毒素，也严重威胁着人体健康。当甲藻死亡后就会沉入海底，成为古生代油地层中的主要化石，所以，在勘探石油的时候，工人们通常通过甲藻化石来判断是否有石油存在。

藻类造成的海洋污染

第二章
海洋植物的危害与保护

海洋生物的多样性为人类开发利用海洋资源、拓展生存空间提供了一个巨大的资源宝库。发展海洋经济，不仅是当今世界经济的发展趋势，而且是解决人类面临的资源短缺、环境恶化、人口增加三大难题的必由之路。我国是一个海洋大国，以开发利用海洋资源、发展海洋产业为主要标志的“海洋经济”正在全国兴起。但是，在高速发展的海洋渔业中，却忽视了对海洋物种的保护和繁育，尤其是忽视了对在净化海洋环境、维护海洋生态平衡中发挥重要作用的“海洋森林”——海藻的保护和繁育。

第一节　海洋植物的危害

植物生态系统的破坏

1. 珊瑚礁生态系统

（1）特点。在热带中有一种特殊的浅水生态系统，那就是珊瑚礁生态系统，它所要求的水温为25℃～29℃，而且有非常高的生产力，生物种类具有多样性。

你知道吗

什么是珊瑚礁

珊瑚礁是石珊瑚目的动物形成的一种结构，这个结构可以大到影响其周围环境的物理和生态条件。在深海和浅海中均有珊瑚礁存在，它们是成千上万的由碳酸钙组成的珊瑚虫的骨骼在数百年至数千年的生长过程中形成的。珊瑚礁为许多动植物提供了生活环境，其中包括蠕虫、软体动物、海绵、棘皮动物和甲壳动物，此外珊瑚礁还是大洋带鱼类的幼鱼生长地。

（2）我国珊瑚礁的分布。在我国，珊瑚礁主要分布在南海、广东、广西、福建、台湾沿海等地。

珊瑚礁

（3）经济环境功能。由于在所有的生态系统中，珊瑚礁生态系统有着最高的生产力和最多的生物种类，所以其成为鱼类的重要栖息地，它们可以昼夜活动。另外，珊瑚礁生态系统是巨大的新化合物来源库和物种储存库。从环境效益来说，珊瑚礁生态系统不仅可以防止海岸侵蚀，也可以减少风暴潮的损害。另外，它也为人类提供了休闲娱乐场所，是人们旅游的好去处。

（4）珊瑚礁生态系统被破坏的途径。通常来说，人类是破坏珊瑚礁生态系统的罪魁祸首，主要表现在通过炸药或者是毒药过量捕鱼；开礁和炸礁；附近港口疏浚；电厂排放的冷却水导致水温升高；石油和磷肥装运长期污染海区；旅游业所造成的破坏。

2. 红树林生态系统

（1）红树林生态系统的特点。红树林生态系统是热带、亚热带潮间带特有的木本植物群落，是一种海洋生态系统，具有非常高的生产力；所生存的环境非常独特，如热带海滩阳光强烈、潮起潮落、海水不断淹没和冲刷、土壤富含盐分。除此之外，与其他生态系统相比，红树林生态系统还有非常独特的生命史和生理结构。

（2）在我国的主要分布。在我国，红树林生态系统主要分布在海南、广东、广西和福建沿海的河口

海岸红树林

两岸和淤泥质海湾。国家级红树林生态保护区有湛江、山口、北仑河口、东寨港……

（3）红树林的经济和环境功能。作为生产力非常高的海洋生态系统之一，红树林生态系统不仅资源丰富，而且还有非常多的动植物种类。红树林生态系统是一种森林资源，在很多方面它都可以发挥作用，如制造木材、薪材、纸浆原料。另外，在红树林中有非常多的鸟类、昆虫和鱼类，在所有的生物种类中，有很多是非常珍贵濒危的物种。从环境效益来说，红树林可以美化环境，净化空气，是人们旅游的好去处。与此同时，红树林还有良好的自我修复能力，它可以防风抗浪、固堤护岸、防止侵蚀、保护沿海设施，也可以能防治污染，保护海洋环境。

（4）被破坏的途径。近年来，红树林生态系统受到人为的破坏非常严重，主要表现在沿海工业发展、城市扩张和倾废，侵占红树林区；将红树林砍伐，然后改造成稻田、椰树种植场、鱼池、虾塘、盐田等；被砍伐掉的红树林主要是用于工业生产和发展，谋求经济效益。

（5）保护的方法。在海滩多种植红树，如果红树林区遭遇病虫害，需要及时防治。

3. 滩涂湿地生态系统

（1）湿地和滩涂湿地的定义。具体到滩涂湿地的定义，在1993年，《关于特别是作为水禽栖息地的国际重要湿地公约》对其作出了解释，即“不问其为天然或人工，长久或暂时性的沼泽地、湿草原、泥滩地或水域地带，带有或静止或流动，或为淡水、半咸水体者，包括低潮时不超过6米的水域”。通常来说，湿地包括沼泽、泥滩地、河流、湖泊、水库、稻田、滩涂以及低潮时水深不超过6米的海水区。滩涂以及低潮时水深不超过6米的海水区归为滩涂湿地。

（2）滩涂湿地的分布。由于滩涂湿地大多是由河流携沙淤积而成的，所以在河口两侧往往滩涂较多；在我国，沿海滩涂湿地的分布范围是非常广的，黄河三角洲滩涂湿地是面积最大的滩涂湿地；在低纬度地区，由于气温比较高，所以红树林较多，形成红树林生态系统，但是，

湿地生态

在中高纬度地区，由于气温偏低，所以多生长芦苇等或为贝滩。

（3）滩涂湿地的经济价值和环境价值。从生产力方面来看，滩涂湿地是一种高生产力生态系统，它有丰富的资源。滩涂湿地不仅是许多具有商业价值生物的产卵地和育幼场，同时也是众多野生动物的繁衍地，在这里，人们可以发展水产养殖或者是盐业，提高经济效益。另外，滩涂湿地富有植物，其可以作为饵料、燃料和工业原料。从保护环境方面来说，滩涂湿地在储水、泄洪、抵御风暴潮、防止海浪冲击、保护海岸、调节气候、降解近岸海域污染等方面都发挥了重要作用。

美丽的湿地风光

（4）滩涂湿地被破坏的原因。滩涂湿地因人为原因被大量破坏，主要表现在大规模的盲目围垦，人们通过围垦滩涂湿地来发展工业，扩展城市，修建堤坝，开辟盐田、虾田、农田及堆场……除此之外，由于滩涂湿地不断受到污染，自身的净化能力减弱，泥沙淤积严重，所以生态环境遭到严重破坏。

臭名昭著的夜光藻

夜光藻是一种较大型的单细胞生物，近于球形，直径为 0.2 ~ 2.0 毫米。它介于动物和植物之间，繁衍的方式类似于藻类，生活习性又类似于原生动物，所以又叫夜光虫。与其他藻类最大的不同是，它不能通过光合作用制造营养，而是通过细胞前端轻微活动的触手，将外界小型浮游植物或有机颗

被污染的海洋

粒送入胞口内，在细胞内形成食物泡进行消化。

每当夜光藻的细胞受到刺激时就会发光。在夜晚，船只划过水面时，船桨会泛起火星，船尾则拖着长长的光带，海浪撞击海岸也会产生磷光闪闪的浪花。每当这时，人们无不赞叹夜光藻神秘的发光功能。遗憾的是，在夜光藻美丽的光环后面，接踵而来的是灾害：曾经磷光闪闪的海面，几天之后，鱼、虾、贝类大量死亡，继而腐烂、发臭，呛得人咳嗽不止、鼻眼刺痛，真叫人难以承受。

夜光藻被认为是渔业衰弱的指标，主要有三大危害：

（1）使鱼类产生呼吸障碍。夜光藻不含毒素，但是形成赤潮后，大量黏附于鱼鳃上，阻碍呼吸，导致鱼类窒息死亡。

（2）危害水体生态环境。夜光藻死亡分解过程中产生的尸碱和硫化氢，又使海水变质，危害水体生态环境。

正在发光的夜光藻

（3）诱发其他赤潮生物。夜光藻能渗出高浓度的氮和磷，可诱发有毒的赤潮生物——微型原甲藻的大量繁殖。一旦形成赤潮，危害程度更大。

世界范围内因夜光藻带来的环境灾害数不胜数，我国是夜光藻灾害比较严重的国家，80%以上的赤潮是由夜光藻引起的。

善变的幽灵藻

幽灵藻结构复杂，变化多端，行为难以琢磨，其生活史包括孢囊期、阿米巴期和鞭毛期，细胞大小在 5 ~ 50 微米变化。幽灵藻还“好吃懒做”，不像其他藻类那样靠光合作用养活自己，而是靠吃细菌、藻类、小动物或鱼组织的碎屑生活。在没有鱼类的水中，幽灵藻靠摄食藻类生活，也不产生毒素；当鱼群经过时，幽灵藻一旦嗅到鱼的味道，立刻产生毒素，霎时转化为有毒细胞，向鱼群游去。接触到幽灵藻的鱼，即刻被毒得昏昏沉沉，继而鱼皮破裂，大量出血，最后奄奄一息、丧失活力。这时，幽灵藻就乘机摄食鱼脱落下来的上皮组织和流出的血液等。鱼死后，鞭毛期细胞转化到阿米巴期，继续摄食鱼体的剩余部分。如果遇到风暴突来等不利环境，幽灵藻就在细胞外面形成一层保护层，沉到水底休眠。幽灵藻不仅是鱼类的杀手，对蟹类、贝类也有致死作用，对人类也存在一定的威胁。

你知道吗

幽灵藻名称的由来

幽灵藻有24种生活形态，各种形态之间的转换在短短的几个小时内即可完成，因而人们叫它“幽灵藻”。

幽灵藻近年肆虐美国东海岸，渔民、水上运动者、实验室研究人员等都会受到幽灵藻的威胁。美国美卡州立大学水生植物实验室的博克华尔德博士，是最早开始研究幽灵藻的人，也是中毒最深的人之一。这些实验室研究人员，或是直接接触了有毒藻培养液，或是从空气中吸入了藻毒素。虽然这些人员每天接触毒素的时间可能只有一两个小时，但在不知不觉中就中毒了：哮喘，手脚刺痛麻木，眼睛灼热，视力模糊，胃痉挛，恶心，呕吐，皮肤溃疡且对抗生素无反应，伤口愈合很慢，严重时会出现短暂失忆，思考和推理能力减弱，阅读困难，经常会忘记人或事。让人稍感欣慰的是，不再接触毒素后，大部分患者的症状能完全消失，恢复正常的体质和智力。近年来，美国马里兰州、佛罗里达州等东部沿岸陆续出现幽灵藻。科学家认为，幽灵藻实际上早已存在，近年的频繁暴发，是近岸海域环境恶化的一个标志。

幽灵藻神秘而且有毒

赤潮与海藻

1986年12月1日，福建省东山县杏陈乡忽然发生一起食物中毒事件。全村有136人不同程度地中毒，其中有一人因中毒严重而窒息死亡，其余135人经过医院抢救脱离险情。

事故发生后，海洋科技人员也赶到现场进行调查，他们发现，引起村民食物中毒的主要原因是，村民们食用了受到赤潮污染后的花蛤。科技人员将村民们食用剩下的花蛤和海水样品化验后发现，当地海水和花蛤的消化系统中均有大量的赤潮生物——裸甲藻。裸甲藻有个很突出的特点，那就是它能分泌出甲藻毒素，它的毒素比普通毒药要高出 100 多倍。这种甲藻毒素一般分三种，即神经性贝毒素、麻痹性贝毒素和溶血性贝毒素。据村民们介绍说，人们是在吃了花蛤数小时后出现不适的。先是出现唇舌麻木、胸闷、头晕、呕吐、周身乏力麻木，发展到后来，头痛腹痛，昏迷休克，甚至死亡。从上述情况看，是人们食用了受赤潮生物污染的花蛤，其毒素对人体的中枢神经产生强烈作用，妨碍了人体血液中的离子通透，从而扰乱神经和肌肉传导，引起中毒。造成这起悲剧的罪魁祸首是赤潮生物。那么，什么是赤潮呢?

赤潮是一种生态异常现象，它是海洋遭受污染后所产生的一种生态异常现象，是有机物和营养盐过多而引起的。科学家们认为，赤潮是在一定的环境条件下，海水中某些浮游植物、原生动物或细菌，在短时间内突然发生增殖或高度聚集而引起的一种海洋生态异常现象，它造成某一海域的生态环境遭到破坏，一些海洋动物大批死亡等严重

赤潮

后果。赤潮，顾名思义应当是红色的，但实际上，赤潮的颜色并不都是红色，其颜色是多种多样的。影响赤潮的颜色，主要看引起赤潮的海洋浮游生物的种类。由夜光虫引起的赤潮，呈粉红色或深红色；由某些双鞭毛藻引起的赤潮，呈绿色或褐色；由某些硅藻类引起的赤潮，则呈黄色或红褐色；由膝沟藻引起的赤潮，海水的颜色有时竟不出现明显变化。据统计，在浮游生物中，能够引起赤潮的大约有330余种。比较常见的有夜光虫、裸甲藻、铠角虫、鼎型虫、角毛硅藻、骨条藻、根管藻、盒型藻、小定鞭金藻、滑盘藻、束毛藻等。其中，甲藻类是最常见的赤潮生物，有20多种可以引起赤潮。

海洋中一旦发生赤潮，会给海洋生物、海洋环境乃至人类造成严重的危害。高度密集的赤潮生物能将鱼、贝类的呼吸器官堵塞，造成鱼、贝类的窒息死亡。这些受赤潮污染而死亡的动物，死亡后能继续分解毒素，毒害或杀死其他的海洋生物。赤潮生物的残骸，在海水中氧化分解，还能大量消耗水中的溶解氧，造成缺氧环境，威胁其他生物的生存。不仅如此，在缺氧环境中，厌氧微生物继续分解赤潮生物的残骸，在海水中产生硫化氢等气体，使海水发臭，恶化海洋环境。

赤潮是一种世界性的灾害，世界许多海洋国家都不同程度地遭受过赤潮的危害。20世纪50年代以来，随着世界经济的高速发展，大批工业、农业废水和生活污水排放入海，造成河口、内湾和沿岸水域污染不断加剧，导致赤潮发生愈加频繁。日本沿岸海域是赤潮多发海域，其中东京湾、伊势湾和濑户内海更是赤潮的“重灾区”。濑户内海在1976年发生赤潮326次。在1967～1991年间，在这一海域共发生4448次赤潮，造成渔业生产危害达421次，直接经济损失达数千亿日元。

你知道吗

我国的赤潮发生情况

我国海域也是赤潮多发区。据有关部门统计，1990年，在我国沿海共记录到34次赤潮，其中渤海7次、东海18次、南海6次、黄海3次。赤潮给我国沿海地区的海洋生物资源和渔业生产，造成了不同程度的损害。例如，1989年8—10月，渤海沿岸发生一次大面积赤潮，致使这一海域鱼、虾、贝类大量死亡。据不完全统计，这次赤潮造成的直接经济损失达3亿多元，其中河北省黄骅市经济损失2800万元，河北省唐山市损失8500万元，河北省沧州地区经济损失3000万元，山东省潍坊市经济损失6000万元。这次赤潮对渤海水域天然对虾造了十分成不利的影响。

除亚洲国家沿海多发生赤潮外，北美洲、南美洲沿海，以及印度洋沿岸欧洲地中海地区的海域，也时常出现赤潮。因此，赤潮成为世界性的海洋公害。

在现代，赤潮的成因与发生机制一直是各国海洋科学家所研究的课题。研究表明，赤潮的发生不是单一因素的产物，而是诸多因素综合作用的结果。在赤潮发生的整个过程中，其主要控制因素有：物理因素、化学因素和生物因素三方面。

在生物因素中，赤潮生物“种子”群落是赤潮发生最基本的生物因素。赤潮“种子”可以是所在区域已存有的赤潮生物细胞和底栖休眠孢囊；也可以是其他区域迁移和扩散来的赤潮生物细胞和底栖孢囊。当然，在海水中，赤潮生物不是独立存在的，它们与其他海洋生物相互关联，相互影响；某些海洋动物对赤潮生物的摄取作用和赤潮生物种类间的相互竞争，在赤潮的形成和消失过程中，也是重要的生物因素。

在化学因素中，水体中的营养盐（主要是氮和磷）、微量元素（如铁和锰），以及某些特殊有机物（如维生素、蛋白质）的存在形式和浓度，直接影响着赤潮的生长、繁殖与代谢。它们是赤潮形成和发展的物质基础。

在物理因素中，水体稳定、水体交换率、上升流的存在、适宜的水温等，都是赤潮发生所要求的必备环境条件。它们对赤潮生物细胞的分布、迁移、扩散和聚积，产生直接的影响，有时对赤潮还起到形成与消亡的作用。这些物理作用，在很大程度上受到所在海区气象状况，如风、气温、日照强度、降雨等的影响。

由于上述三种因素的存在，并互相影响，使得它们共同决定着赤潮的形成、发展、维持和消亡。这仅仅是赤潮成因与发生机制的一般过程。近十几年，鉴于赤潮生物在世界范围内引发赤潮灾害不断增加，因此，人们越来越重视对赤潮的研究。其中赤潮生物分类则是赤潮研究的基本课题之一。当然，从总的方面来讲，如何监测、监视和预测、预报赤潮的发生，一旦赤潮发生如何进行有效控制，如何对灾害性赤潮进行有效治理等等，都是赤潮灾害给人们提出的长期而重大的课题。

绿潮灾害不容忽视

浒苔是一种无毒绿藻，还有食用、药用等价值，但是，大量繁殖的浒苔能阻塞航道，影响航运；遮蔽阳光，影响海底藻类和其他生物的生长；大量堆积腐烂后会消耗大量氧气，散发出恶臭气味，既破坏海洋生态系统，又严重威胁沿海渔业和旅游业发展。所以，现在已把浒苔一类的大型绿藻暴发称为绿潮，视做和赤潮一样的海洋灾害。

2007 年以来，我国许多地区发生了绿潮灾害：

2007 年 7 月，受大风和潮流影响，山东省乳山市部分近海和沿岸发现大面积绿潮，当天共打捞浒苔约 30 吨。

2008 年 6 月中旬，大面积浒苔从黄海中部海域开始向青岛附近海域漂移。青岛是 2008 年夏季奥运会帆船比赛场地，奥帆赛场竞赛海域有浒苔面积曾达到 15.86 平方千米，占海域总面积的 32.04%，为了奥运比赛，当地甚至连军队都出动了，最终清除浒苔百万吨以上才使得比赛正常进行。

污染后的海洋鱼类大量死亡

2009 年 6 月，在黄海中、南部海域发生大面积绿潮，分布面积约 1.2 万平方千米，覆盖面积 72 平方千米。

2010 年 8 月，三亚市大东海发生绿潮，工人清理了好几天，清理浒苔 30 多吨。

如果说赤潮是海体流淌的“血”，那么，绿潮就是海体流淌的“脓”。最有效治理绿潮、赤潮的办法就是不要让海水富营养化，也就是说不要向大海直接排污。大海虽然浩瀚深邃，但也有底线，容不得人类肆无忌惮！

你知道吗

什么是富营养化

富营养化是一种氮、磷等植物营养物质含量过多所引起的水质污染现象。在自然条件下，随着河流夹带冲击物和水生生物残骸在湖底的不断沉降淤积，湖泊会从平营养湖过渡为富营养湖，进而演变为沼泽和陆地，这是一种极为缓慢的过程。但由于人类的活动，将大量工业废水和生活污水以及农田径流中的植物营养物质排入湖泊、水库、河口、海湾等缓流水体后，水生生物特别是藻类将大量繁殖，使生物量的种群种类数量发生改变，破坏了水体的生态平衡。

埋葬航船的海藻

海藻是海洋中的植物，如海带、紫菜、石花菜、龙须菜等都属于海藻类。这些海藻类植物，有的可以食用，有的可以提制碘或琼脂等，对人类很有益。但在大西洋的一处海面上，覆盖着一大片美丽的绿藻，它却令航海者闻之丧胆，望而却步。海员们称它为“海之绿野”，有的人甚至称它为“魔藻之海”“船只的坟墓”。

在“海之绿野”，人们见到的是一片阴森凄惨的景象：无数大小船只的残骸露在海面上，有的露出船头，有的翘起船尾，有的露出桅杆。而船员早已葬身海底，无一生还。航船到了这个地区，只要再往前走，就会被海藻缠住，进退两难，最终沉没下去。

据说在1492年，哥伦布航行大西洋，曾到过这里，结果被困了一个多月。1894年，一位名叫斯可特的帆船探险家，冒险进入“海之绿野”后发现，海面上一点风也没有，空气好像凝结了似的，四处是毁坏的船骸，船旁是黄绿色的海藻，这些黏在船身上的海藻使人感到十分恐怖。

第二次世界大战时，英国的特别突击队员，著名海上活动家奥兹朋少校曾亲自一试“海之绿野”的恐怖怪异。当他驾驶航船进入这个海面后，只见海藻发出令人作呕的奇臭，海藻的表面有极大的黏性，黏住人的手后会留下出血的伤痕。到了晚上，这些海藻像海蛇一样爬上航船的甲板，似乎要将船裹住不放。奥兹朋少校只好指挥士兵将这些海藻砍掉，他们砍掉前面的海藻，后面的又不断伸来，像海水一般涌上甲板。少校和船员们奋战了两昼夜才逃出这块“海之绿野”。

第二节　亟待保护的海藻家园

海藻的生存空间在缩小

填海造地是指把原有的海域、湖区或河岸转变为陆地。对于山多平地少的沿海城市，填海造地是一个为市区发展制造平地的有效方法。不少沿海城市，例如中国香港、澳门、深圳地区及日本东京，均采用这种方法制造平地。

荷兰自 13 世纪起就开始大规模

填海造地工程

围海填海，如今荷兰20%的国土是人工填海造出来的，丘陵都被挖去填海，故有“上帝造海，荷人造陆”之称。日本的填海计划很早，石川润一郎说：“日本早在11世纪就有了填海造地的历史记录，当时一个名叫平清盛的将军就在神户填海建了一个人工码头。到了江户17世纪，幕府将军又在东京湾进行了大规模的填海造地。”二战后，日本大规模填海造地的情况更为普遍，1945—1975年，日本政府造地11.8万公顷。过去的100年，日本一共填海造就了1200万公顷的土地。

中国从20世纪五六十年代开始围填海活动，到20世纪末，沿海地区填海造地面积达1.2万平方千米，平均每年填海230～240平方千米。香港山多平地少，1842年香港首次将兴建皇后大道的沙石推进大海，以后香港便不断填海造地，100多年来，填海面积已超过香港总面积的6%。

可是，在获得巨大收益的同时，通过大肆填海造地发展经济也带来了巨大的后遗症。海域面积缩小直接导致的后果，除纳潮能力逐步下降外，也造成了海洋生态环境的日益恶化。在东京、大阪等港口地区，由于海岸线都被垂直建筑取代，可以平衡海洋生态的海藻等海洋生物无法栖息在海岸边，这样的情况在

可怕的海洋污染

日本全国都不同程度地存在着。有研究指出，20世纪60年代，胶州湾河口附近潮间带海藻等生物种类多达54种，70年代减到33种，80年代只剩下17种，原有的14种优势物种仅剩下1种。

鉴于填海造地的严重后果，许多国家开始反对填海造地，以日本来说，几乎停止了填海造地项目的审批工作。我国也逐渐认识到填海造地的危害性。

以海带为载体去除赤潮

随着沿海水域富营养化的加剧，赤潮在世界范围内的沿海水域频繁发生，已成为一种严重的世界性海洋灾害。我国由赤潮引起的直接经济损失每年达10亿元以上。如何科学、有效地进行赤潮的控制和治理，已成为迫切需要解决的世界性重大问题，寻找方便有效、低投入、对环境相对无害的赤潮防治方法是目前所急需的。

赤潮的治理方法有很多，按其作用机理可分为直接杀灭法、凝聚剂沉淀法、天然矿物絮凝法等。直接杀灭法是目前较常用的方法，它是利用特定的化学药品直接杀死赤潮生物。硫酸铜是在赤潮治理中最早选用的化学药品，虽然其中的铜离子对赤潮生物有较好的杀灭效果，但如果局部浓度过高容易对生态环境和非赤潮生物带来不利的影响。后来，科学家研究了一种新方法，既能发挥铜离子对赤潮生物的杀灭作用，又能消除铜离子对环境和非赤潮生物的破坏，这就是以海带为载体去除赤潮藻的方法。

将海带洗净、烘干，粉碎成40

海带栽植也可以消除赤潮

目的颗粒，按照 2 克 / 升 (干重) 的用量投入到含有铜离子的工业废水中，待海带颗粒吸附了铜离子后，将其投放到海水中，海带载体在海水中通过缓慢释放铜离子来杀灭赤潮生物。这种方法是一个以废治藻的好方法，既处理了镀铜废水，又消除了赤潮隐患，还能避免单纯使用硫酸铜带来的新问题。因此，专家认为这在沿海地区赤潮治理和防治中具有很好的前景。

海藻在呻吟

人们常用海洋荒漠化来描述海洋破坏和污染的严重性。海洋荒漠化有广义和狭义两种。广义的海洋荒漠化是指由于海洋开发无度、管理无序、酷渔滥捕和海洋污染范围扩大，渔业资源减少，赤潮等危害不断，海洋出现了类似于荒漠的现象。狭义的海洋荒漠化是指由于海洋石油污染形成的油膜抑制海水的蒸发，海上空气变得干燥，海洋失去调节气温的作用，产生“海洋沙漠化效应”。

你知道吗

什么是“海洋沙漠化效应”

人们能够直观地看到土地荒漠化的情景，也能感受到发生荒漠化后导致的土地沙化、沙尘暴、泥石流等多种自然灾害。海藻是多种海洋生物的食物、栖息地、繁殖场所，相当于陆地上的植被，是近海生物多样化的基础，它们被破坏后，同样也会造成荒漠化的情景，也能影响鱼、虾、贝类等其他海洋生物的生存，造成生态灾害。但是，由于大海的特殊性，人们往往既看不到海藻本身遭受的破坏，更想不到海藻破坏后对鱼、虾、贝类等海洋生物的影响，其后果是任其发展，造成更大的生态灾害。

盛产海藻的大连海域，20 世纪六七十年代，海藻、索藻等大型海藻很常见，可是进入 21 世纪后，很难看到它们的踪影。

海藻在呻吟！大海在呼救！

大型绿藻对赤潮微藻的抑制作用

对于赤潮，生物防治是其治理的发展趋势。生物防治对环境的影响相对较小，甚至具有保护作用。这一防治策略对海洋生态环境良性循环的建立与维护以及对海洋经济的可持续发展，具有重要的现实意义。

相生相克是水域生态系统中普遍存在的自然现象，包括各种生物之间的生长促进和抑制作用。研究发现，大型绿藻孔石莼和缘管浒苔对原甲藻等赤潮微藻有抑制作用，较高浓度时还会让原甲藻等赤潮微藻完全死亡。这一发现有着重要的现实意义。近些年，沿海水域的富营养化除了使赤潮危机日益严重，也导致了绿潮问题日益突出。大量孔石莼、缘管浒苔等大型绿藻在沿海漂浮和堆积，给沿海渔业、养殖业和旅游业造成重大损失。如何有效地利用这些绿藻资源，减少绿潮带来的经济损失也是亟待解决的课题。通过孔石莼和缘管浒苔对原甲藻等赤潮微藻有抑制或杀死作用的发现，也许会将赤潮、绿潮两大难题一并解决。

大型海藻对养殖水体的生态调控作用

水产养殖与环境的关系十分密切。一方面，养殖环境的好坏是关系到养殖产量和养殖生物质量的重要因素；另一方面，养殖活动又会影响水域环境及其生物多样性。随着渔业自然资源的衰退，海水鱼类养殖产业的蓬勃发展，关于鱼类养殖对海区污染情况的报道日渐增多，海水鱼类养殖对环境的负面影响主要是产生大量有机和无机废物，其持续发展的关键在于将养殖废物控制在水体的容纳量以内，其中一条途径是运用生态学原理，发展生态型养殖技术，人为干预调控养殖系统，使养殖种类内部呈现互为目的

渔场养殖

的良性循环，协调养殖生物与养殖环境的关系。

以浮游植物为主要初级生产者的养殖水体中，浮游植物的种群数量易受外界营养盐的供给情况影响，极端情况下或暴发性增殖形成赤潮，或群体崩溃污染水体。与之相比，大型海藻吸收营养物质合成的生物量，可以通过收获的途径输出，减轻水体污染的同时，又能实现养殖污染物的资源化利用。例如，在小水体的鱼类养殖系统中，利用海藻吸收养殖废水中的无机营养盐，能减少水体中氮盐的浓度，同时使海藻的净产量提高 18%；在网箱养殖区附近绳养江蓠，可使江蓠生长率提高 40%，江蓠的产量和溶解氮盐的吸收率比单养江蓠高 2 倍左右。

另外，大型海藻对污染环境也具有较强的耐受力和清洁作用，有报道表明，在受金属和有机污染的海区养殖大型海藻，可以降低水体中的金属和有机污染物的浓度，促进水体环境的恢复。

第三节 植物的家园：海洋自然保护区

现有的海洋自然保护途径

迄今为止，海洋自然保护主要采取以下三种途径：

（1）由专业机构使用不同程度的协调手段来调控和管理单独的海洋活动，如：商业捕捞。通常与邻近的海岸带陆地管理没有或只有极少的协调。这种保护途径包括对单个物种的保护，如在国际捕鲸委员会许可条件下对捕鲸数量的控制。

（2）在只受一般性规定制约的较宽的区域内建立小型海洋保护区，对特别有价值的地方实施保护。这是海洋保护区概念最普遍应用的方式。

（3）在综合管理体系中建立多用途大型保护区，对整个区域实施不同程度的保护。理想的综合体系应扩展到海岸带内外的海洋和陆地区域，对这些区域实施协调管理。但在许多情况下，法律上的复杂性和政府机构之间的竞争使其难以得到实现。

虽然三种途径都能达到自然保护的目标，但是第二种途径——小型保护区网络，只有与其他管理行动联合，共同应对海洋生态系统的

海洋保护区

主要威胁才能实现目标。实践中往往难以实现综合管理。因此，尽管小型海洋保护区是通向更综合体系的有用开端，但就其本身而言，将证明是不适于满足自然保护需要的。

高度保护的小型海洋保护区与大型的多用途海洋保护区到底孰长孰短，全世界对此争论不休，原因在于错误地认为“非此即彼”。实际上，几乎所有的大型多用途海洋保护区都包含高度保护的区域，都能够按照与独立的、高度保护的海洋保护区相同的方式实施管理。反之，就自然保护而言，在一个较大的区域内对小型的高度保护的海洋保护区实施综合管理也能和大型的多用途海洋保护区一样有效。

建立自然保护区的意义

北京长安大街，车如潮涌，为了保护横越马路的行人安全，每隔一定距离就设置一处“安全岛”；在世界海洋中，人类也设置了许多类似的“安全岛”，其目的是保存部分自然环境的本来面目，保护生物资源，尤其是保护珍贵、稀有和濒危的动植物物种。这种“安全岛”就是“海洋自然保护区”，它的建立是保护大海健康的一种特别的护理措施。

在人类出现以前，地球上每100年有一个动物种绝灭；1600—1950年，平均每10年丧失一个种；在20世纪70年代中期，地球上每年毁灭一个植物种或亚种；到20世纪80年代末增加到每小时减少一个种。而一个植物种的消失同时会引起10～30个昆虫种、高等动物或其他植物种的绝灭，世界野生动物基金会估计，到2000年自然界中的物种可能要减少1/6。森林的毁灭更为惊人，每年全世界有1.1万平方千米以上的森林遭毁灭，其中热带雨林损失最快，目前，热带雨林面积已减少了42%。森林和生物种减少引起的后果是严重的，不仅物种遗传多样性受损，还会引起一系列环境的改变，如水土流失、海岸线侵蚀、海平面升高、土地沙漠化等。特别重要的是，随着森林遭破坏，与其相互依存的植被将会减少，会增加地面对太阳的反照率，从而改变维系这个绿色星球的三大要素——水、气、岩石之间的平衡，导致全球气候的紊乱。

海洋也是一样。20世纪50年代以来，随着世界海洋石油开发和海上运输的发展，海洋生物资源和物种受到了前所未有的巨大威胁。特别是1967年的“托雷·卡尼翁”

号油轮溢油事件和1969年美国圣巴巴拉海上油井井喷溢油，造成了严重的海洋污染，引起了世界舆论的强烈不安。人们越来越认识到，有必要像在陆地上设立自然保护区那样，将海洋空间的某些部分划为禁区，采取严格的管理和控制措施，使其免受日益繁荣的海洋开发活动的影响，以便完整地保存自然环境和自然资源的本来面目，保护、恢复海洋生物资源，保存物种的多样性，尤其是保护那些珍贵、稀有、濒危的海洋动植物物种。

由此可见，海洋自然保护区可以为人类保存部分生态系统的天然“本底”。在茫茫的大海中，生物之间、生物与环境之间都是相互依存和制约的，有着千丝万缕的联系，每一个环节的破坏或消失都会引起不可逆转的连锁反应。随着海洋的污染，大海的健康受到损害，海洋自然生态系统已经遭到了严重干扰和破坏，自然界的面目已经发生了深刻的变化。因此，在不同的海域保留具有代表性的天然生态系统，对于衡量人类活动对自然环境和自然资源所引起的后果提供了比照标准，也为人类的子孙后代认识大自然留下一些标本。这对探索海洋生态系统的演替和进化，对于观察研究自然界的发生和发展规律具有十分重要的意义。

和谐美丽的海洋生态

海洋自然保护区还可以成为珍稀濒危动植物的“避难所”，是天然物种的“储存库”和“遗传基因库”。例如，栖息和生长在我国海域和沿岸的文昌鱼、江豚、鲸类、海龟、儒艮、中华鲟、海豹、海狗、玳瑁、丹顶鹤、白尾海雕、彩鹮等动物以及柽柳、坡垒、麒麟菜、普陀鹅耳枥等植物目前都已成为珍稀物种，如果不采取保护措施，就会很快消失或绝灭。许多物种的价值甚至在被人类认识之前就已丧失，而海洋自然保护区能为大量物种提供栖息、生存、保护、进化的条件，从而为人类永续利用。

自然保护区又是科学研究的天然实验室和活的自然博物馆。在自然保护区里，保存有完整的生态系统、丰富多样的生物物种以及它们赖以生存的环境条件。这些宝贵的物质材料，对于生物学、生态学、海洋学、地学、仿生学等自然科学研究提供了良好的条件和场所。

同时，自然保护区这个最实际、最丰富、最生动、最活泼的自然博物馆，是人类认识自然、了解历史、增加知识的天然课堂；其海水碧蓝透明、空气新鲜的自然环境，珍贵的奇花异草和飞禽走兽以及各种奇特的地貌、景观都会使人赏心悦目、心旷神怡，是人们学习、休憩、娱乐、旅游的胜地，是建设人类精神文明的宝贵资源。

综上所述，建立和建设好自然保护区，对于保护和改善人类的生存环境，维护自然界的生态平衡，保护自然资源永续利用和遗传的多样性，促进各个产业之间的协调发展，增进人们自然环境保护的意识和海洋意识，都具有不可估量的意义和作用。

我国海洋自然保护区

我国古代就有了朴素的保护自然和保护自然资源的思想，意识到保护和利用自然资源与人类生存的密切关系。许多朝代都曾设立专门的官职主管土地的合理利用，山林、沼泽、河流、渔业和动植物资源的开发和保护，甚至颁布过若干有关的规定和禁令。历代帝王的禁猎区、园囿、庙宇、园林等，虽然主要是为少数统治者享受和为宗教服务的，但客观上也起到了自然保护区的某些作用，保护了一部分天然环境，保存了许多物种。

新中国成立后，党和政府对自然保护事业给予了应有的重视，实行了“封海养鱼”“封山育林”的保护政策。1950 年，政务院就对沿海古炮台、要塞发布了保护的通告。1955 年，国务院《关于渤海、黄海及东海机轮拖网禁渔区的命令》明确指出“保护我国的沿海水产资源”。1956 年，第一届全国人民代表大会第三次全体会议上，科学家提出我国自然和自然资源急需加强保护并需建立自然保护区的提案。同年，在全国科技规划中，把自然保护和自然保护区的建立及研究列为基本理论研究之一。从 1959 年开始，我国已有 6 个省相继划出了本省的自然保护区。到 1961 年，全国已有 70 多处自然保护区和禁猎区。

20 世纪 70 年代，我国的自然保护工作加快了发展的步伐。1973 年，林业部提出了《自然保护暂行条例（草案）》，1977 年国务院对自然保护区的划定和管理作了详细规定。据统计，1978 年前，我国已有 15 个省、市先后划出了以保护典型自然综合体、热带和亚热带森林生态系统、珍稀野生动植物以及特殊自然景观等的自然保护区 57 个，总面积 156 万公顷，占中国国土总面积的 0.17%。

然而，这一时期我国的海洋自然保护主要是针对海洋经济生物的繁殖保护。如为保护大黄鱼的产卵群体，福建省人民政府 1985 年设立了官洋井大黄鱼繁殖保护区；为保护海蚌资源，同年福建省批准成立了长乐海蚌资源保护区。1977 年以来，中国台湾地区也先后在台北、宜兰、基隆、屏东、花莲、台东等 9 个县市沿海建立了 18 处鱼、贝、藻类资源的繁殖保护区。而从保护海洋环境和海洋生态角度进行的海洋自然保护则做得不够。这期间尽管某些海区也在个别岸段或岛屿设立了一些自然保护区，其本质只能说是陆地自然保护区的延伸。

20 世纪 80 年代，是我国自然保护事业，也是我国海洋自然保护工作大发展的年代，特别是 1987 年国务院环境保护委员会发布了《中国自然保护纲要》，大大推动了自然保护工作的进程。截至 1988 年 5 月，全国自然保护区已超过 500 处，总面积 22 万平方千米，占国土总面积的 2.47%。海洋自然保护区也纷纷建立。

我国的海洋保护区

截至 1996 年，我国已批准建设的自然保护区中，属于海洋类型的有 60 处，其中 1979 年前建设的只有 2 处，80 年代以来建立了 58 处，而 1991 ~ 1996 年就批准建立了 29 处。上述 60 处海洋自然保护区中，国家级的 15 处，省级 26 处，市县级 16 处，保护区的面积近 130 万公顷，分布在沿海各省、直辖市和自治区。

我国的海洋自然保护区虽然建立时间不长，然而经过短短几年的努力，已经明显地显示出其生命力和在保护海洋环境以及海洋自然资源中的作用。例如，江苏盐城地区的沿海珍禽自然保护区面积已经发展到 350 多万平方千米，其中 240 多万平方千米为禁猎和鸟类试验区，其中又有 30 多万平方千米缓冲区和 10 多万平方千米核心区。鸟类已由保护前的 100 多种，上升到 361 种，总数达到 500 多万只。丹顶鹤也由20世纪80年代初的不足200只发展到上千只。再如广东惠东县1983年前海龟仅剩几十只，建区后到1989年已增至2万多只，海龟的易地孵化率也达到92.8%。然而，我们面临着巨大的挑战。一方面，我国人口众多，生产力水平不高，必须加快海洋资源的开发和建设，这无疑对海洋环境的压力将越来越大；另一方面，我国的海洋生态自然环境和资源已遭到严重破坏，急需建立保护区休养生息。因此处理好这一对矛盾无论对加快我国海洋开发事业的发展，还是对保护好海洋环境的健康状况都是至关重要的。

世界海洋自然保护区

自然保护区的创建已有100多年的历史。19世纪初，随着工业革命的进步，人类征服自然的步伐加快，从而打破了自然界维系了亿万年的平衡状态，使自然环境和生态系统遭到了污染与破坏，许多野生动物遭到了人们野蛮的捕杀，面临绝灭的危险。在这种情况下，德国植物学家汉伯特首先倡导建立天然纪念馆，以保护和保存自然生态的繁衍和生存，这也可以算作是建立自然保护区的最初设想。

作为科学的自然保护区的建设，应首推1872年美国建立的黄石国家公园。目前美国已有300多处国家公园和400多个保护区，合计面积9360多万公顷，占美国国土总面积的10%。世界第二个国家公园是位于澳大利亚悉尼附近的皇家国家公园。目前澳大利亚全国有国家公园618处，自然保护区1014处，其他类型的保护区270处，总面积达1670多万公顷。

从20世纪20年代开始，世界其他国家纷纷效仿，也都相继建立国家公园和保护区。例如，英国、日本、德国、新西兰等国家，保护区面积都占国土总面积的10%以上；非洲许多国家对自然保护区也很重视，博茨瓦纳的保护区面积占国土总面积的20%，坦桑尼亚达到

马来西亚海洋生态保护区

15%。

据“世界资源报告”统计，截至1986年，全世界已建有1000公顷以上的自然保护区4190个，面积达583万平方千米，加上1000公顷以下的和近年来新发展的保护区，其总面积达到了世界陆地总面积的6%左右。

与此同时，海洋自然保护区的建设也得到了迅速发展。据不完全统计，1972年沿海国家和地区建立的海洋自然保护区为292处，1982年剧增到709处，保护区面积达到1.52亿公顷。另外，266处人与生物圈保留地中也有一部分是海洋类型的。

1972年，美国国会经过反复讨论和辩论，批准了建立海洋自然保护区，并通过了《海洋自然保护区法》。该法认为：“海洋自然保护区是将海洋环境中那些在资源保护、娱乐、生态、历史、科研、教育或美学价值方面具有特殊国家意义的某些海域选划出来，加以专门的综合管理和保护，进行科学研究和宣传教育的区域。”

海洋美景

美国现有7个国家级的海洋自然保护区，分别分布在美国的东西沿岸海域和墨西哥湾北部海域以及太平洋中的某些岛屿附近。其中4个是珊瑚礁生态保护区，两个是综合生态保护区，另一个是沉船保护区。

除国家级海洋自然保护区外，美国还在沿岸海域设立了众多的国家公园和河口自然保护区。全国含有海域部分的国家公园有17个，其中6个完全在海上，如比斯坎湾、海峡群岛、冰川湾、维尔京群岛等；8个在海滨，还有3个延伸到低潮线以下。河口自然保护区目前已有15个。一般来说，美国的海洋自然保护区以保护自然环境和自然资源为主，供科学研究和宣传教育，除个别珊瑚礁自然保护区外，很少有旅游设施。例如，在海峡群岛自然保护区，明令禁止以下活动：油气开采，污染物排放，改变海底状态或在海底建筑，在海岛附近1海里内通航商船，干扰海洋哺乳动物或海鸟，移动或破坏历史或文化资源等。

国家海洋自然保护区由美国国家海洋大气局管理。国家公园以旅游和保护为双重目的,以旅游为主,由国家公园局管理。而河口自然保护区则用作天然的野外实验室,进行长期的科学研究和教学、保护河口生物,特别是濒危物种,为制定沿岸管理决策提供依据。它们由各州政府管理。

目前世界上最大的海洋自然保护区是澳大利亚的大堡礁自然保护区,面积达20.7万平方千米,相当于英格兰和苏格兰国土面积之和。这片世界上最大的珊瑚岛群是由无数的珊瑚虫在亿万年间堆砌而成的,集飞禽走兽、鱼虾、贝藻、奇花异草和星罗棋布的岛屿为一体。大堡礁自然保护区共分7个管理区,并分别制定了详细的管理办法,实施严格的管理。

世界许多沿海国家都十分重视海洋自然保护区的建设,其面积一般占本国管辖海域的5%以上。根据保护区的作用和目标,海洋自然保护区大致可分为以下几类:

贝藻类海洋自然保护区

(1)原生态保护区。这是一种在不受人类干扰的状态下保护天然环境以及自然群落和物种的保护区。它能够保全自然变化的全过程,以便得到典型的自然环境样板,为认识海洋,评价人类活动的影响,管理海洋提供比照的标准。

(2)野生动物禁猎区或资源管理保护区。这类保护区采取保护和管理措施保护海洋生物的繁殖、生长,保全珍贵、稀有、濒危动植物物种和它们的生存环境,达到资源合理和永续利用的目的。

(3)资源保护区。指的是对还没有确定最佳利用方式的滩涂、海域、岛屿等加以设区保护,其目的是为防止盲目开发利用。

(4)多种用途资源保护区。这类保护区的建设目的是通过适当的管理来保护自然环境和资源,避免破坏性的使用,使其提供一系列产品的永续利用和多种服务,支持多项经济活动功能。比如在可以提供土地、芦苇、海藻、鱼、贝等多种资源,同时具有涵养水源,护岸和保护环境功能的沿海湿地就适宜建设这类保护区。

(5)国家海洋公园。这类保护区的主要任务是保护具有典型意义的自然环境、生物群落、遗传资源等,用于娱乐、科研、教育和资源养护。

你知道吗

图巴塔哈群礁海洋公园

图巴塔哈群礁海洋公园位于菲律宾苏鲁海中央。该海洋公园始建于1988年8月11日，占地33.2万公顷，属国家所有。公园海拔高度大约在海平面以下2～10米。1993年，该公园被列为世界文化遗产，它同时还是巴拉望岛生物圈保护计划的一部分。图巴塔哈群礁海洋公园包括一个珊瑚礁（礁顶和礁石边缘几乎未遭侵蚀），一片水草、珊瑚丛生的广阔礁湖和两个珊瑚岛——南北两个环礁，二者之间相隔一道8千米宽的海峡。

（6）自然景观和风景保护区。对由自然与文化特征构成的具有特色的景观和风景加以保护，维持其正常的生活方式和经济活动，以防止受到社会经济发展的威胁。

红树林保护区

1. 福田国家级红树林鸟类自然保护区

福田国家级红树林鸟类自然保护区位于深圳湾北东岸深圳河口，面积368公顷，是我国唯一位于市区，面积最小的自然保护区，也被国外生态专家称为“袖珍型的保护区”。福田国家级红树林鸟类自然保护区虽然很小，但是每年都有白琴鹭、黑嘴鸥、小青脚鹬等189种，上10万只候鸟南迁于此歇脚或过冬。保护区内除红树林植物群落外，另外，还有其他55种植物，千姿百态。成为深圳市区内的一条绿色长廊，它背靠美丽宽广的滨海大道，与滨海生态公园连为一体，面向碧波荡漾的深圳湾，不仅是鸟类栖息嬉戏的天堂、植物的王国，也是人们踏青、赏鸟、观海、体验自然风情的好去处。

你知道吗

独特的风景线

深圳红树林可以说是盛名远播，现在来深圳的海内外游客，都要去海滨生态公园看看沿海岸逶迤的红树林、在此越冬的数万只水鸟翔集的壮观场面。红树林与香港米埔自然保护区一水相隔，共同构成了具有国际意义的深圳湾湿地生态系统，也成为深港边界上最具特色的风景线。

深圳福田红树林保护区是1984年正式创建的，创建时的总面积为

304公顷。并且只有一条道路通到这里，当地的渔民在这里利用沿袭下来的基围鱼塘养鱼，然后就是大片大片的天然红树林、果园和其他天然林。1986年，世界野生生物（国际）基金会主席、英国女王的丈夫菲利普亲王访华时，特意南下深圳，登上红树林的观鸟亭，饱览深圳湾湿地风光。后来，丹麦野生生物基金会主席、丹麦女王的丈夫亨里克亲王也兴致勃勃地到此观鸟，并将红树林称为"绿色明珠"。

深圳福田红树林

2. 清澜港红树林保护区

海南省清澜港红树林保护区是世界海拔最低的森林，也是保护最为完整的红树林。该保护区地处文昌市的清澜港沿岸一带。保护面积达2948公顷，有林面积达2732公顷。该保护区于1981年开始创建，原为县级，后来变为省级自然保护区。该保护区的林木面积大，而且树林年龄长，许多林相显示了原生林的特征。如有海莲林树龄达百年以上，调查中有的胸径达1.2米，林内结构复杂，有不少附生植物和藤本植物分布其间。保护区范围内除了有同东寨港基本相同的红树植物种类外，还有独特的成片红树林子，沿着霞村的岸边形成雄伟的景观。木果核在这里可以看到小片的群落。木果核的蛇状呼吸根在这里有典型的表现。海桑属的4个种，即海桑、杯尊海桑、大叶海桑和海南海桑在这里都有自然分布，其笋状呼吸根形成这些种类的明显特色。现在该保护区不仅是重要的旅游景点，而且具有很高的科研价值。

3. 漳江口红树林国家级自然保护区

福建漳江口红树林国家级自然保护区（简称漳江口保护区）位于福建省漳州市云霄县漳江入海口。最近城镇为云霄县城，位于湿地以西10千米，东北向距离厦门约85千米。主要保护对象以红树林湿地生态系统、濒危野生动植物物种、东南沿海水产种质资源为主。主要湿地类型有红树林、滩涂、水域或组成的河口湿地等。符合《湿地公约》国际重要湿地指定标准的1，2，3，8。保护区于1992年元月成立，1997年7月经福建省人民政府批准为省级自然保护区，2003年6月经国务院批准升格为国家级自然保护区，2008年被列入《国际重要湿地名录》。

漳江口保护区内主要有红树林、滨海盐沼、滨海沙生植被3个植被型，有白骨壤林等13个群系，有秋茄－老鼠等22个群丛。区内有维管束植物224种，有红树植物5科6属6种，盐沼植物16科27属29种1变种，滨海植物59科152属184种。区内营养丰富，从而微生物资源丰富，有微生物12科27属45种，与陆地生境的微生物数量比较，红树林土壤细菌数量高于一般陆地生境，而土壤放线菌、真菌数量较少是漳江口红树林国家级自然保护区土壤微生物数量分布的主要特征。

漳江口保护区已查明野生脊椎动物共359种，其中哺乳动物9科14种，鸟类38科154种，爬行类11科37种，两栖类5科13种，鱼类141种。列入国家一级重点保护的动物有中华白海豚和缅甸蟒蛇2种，列入国家二级重点保护的动物有宽吻海豚、黄嘴白鹭、小杓鹬、小青脚鹬、绿海龟、棱皮龟、太平洋丽龟、虎纹蛙等19种。省级重点保护动物24种。在保护区的鸟类中具有很多双边国际性协定保护的候鸟，其中中日候鸟保护协定保护的鸟类有77种、中澳候鸟保护协定保护的鸟类41种。在保护区红树林区潮间带的底栖动物有28种。潮下带底栖生物181种。海区浮游植物201种，其中硅藻165种。浮游动物180种，其中水母类59种，桡足类71种。

漳江口保护区位于台风多发区，

棱皮龟

1955～1980年间影响云霄的台风达150次，年平均台风影响5.8次。红树林湿地是该区域的保护者，在稳固海岸、抵抗台风侵蚀方面有重要作用。

4. 其他红树林自然保护区

（1）珠海红树林。珠海红树林主要分布淇澳岛、横琴岛和红旗西堤、磨刀门和鸡啼门水道出海口附近堤岸，其中，位于淇澳岛西北部大围湾的淇澳红树林保护区面积最大，是目前该市保存最完整、最集中连片的林分，树高4～6米。它不仅是珠海市的珍稀资源，也是珠江三角洲不可多得的一片红树林湿地，同时是全国少有的紧靠大城市的红树林区之一。

（2）海南东寨港国家级红树林自然保护区。海南东寨港国家级红树林自然保护区位于海南省文昌市铺前镇约6千米长的沿海岸线上，67多公顷(1000多亩)的红树林区已全面挖塘养殖，近半数的红树林遭受严重破坏。海南东寨港国家级红树林自然保护区，总面积3300多公顷(5万多亩)，有林面积2000多公顷(3万多亩)，列入《世界湿地名录》。但从1993年以来，不断有群众进入保护区砍红树、挖塘搞养殖，大片大片的红树林区成为荒芜的水泥塘。

（3）广东湛江红树林国家级自然保护区。广东湛江红树林国家级自然保护区位于广东省湛江市境内，面积1.9万公顷，1990年经广东省人民政府批准建立，1997年晋升为国家级自然保护区，核心保护区高桥红树林保护区为中国最大的红树林连片生长基地，主要保护对象为红树林生态系统。该区地处雷州半岛，受热带海洋气候的影响，沿海滩涂上分布着较大面积的红树林植被，其中红树植物有12科、16属、17种，是除海南岛外我国红树植物种类最多的地区。此外，保护区内拥有数量和种类众多的鹤类、鹳类、鹭类等水禽及其他湿地动物，据初步统计，仅鸟类就有82种，其中留鸟38种、候鸟44种。湛江红树林保护区作为我国现存红树林面积最大的一个自然保护区，在控制海岸侵蚀、保持水土和保护生物多样性等方面发挥着越来越重要的作用。

（4）广西山口红树林国家级保护区。山口国家红树林生态自然保护区是1990年9月经国务院批准建立的我国首批(5个)国家级海洋类型保护区之一，1993年加入中国人与生物圈，1994年被列为中国重要湿地，1997年5月与美国佛罗里达州鲁克利湾国家河口研究保护区建立姐妹保护区关系，2000年1月加入联合国教科文组织世界生物圈，2002年被列入国际重要湿地。山口红树林生态保护区地处亚热带，位于广西北海市合浦县沙田半岛东西两侧，海岸线总50千米，总面积8000平方千米，是中国第二个国家级的红树林自然保护区。

第三章
海草与红树林

它们在海洋中飞扬生命，它们用生命守护海洋；它们是守卫海岸的卫士——海草与红树林。你或许见过它们，一群看起来毫无用处的植物；你或许听过它们，一群常见的生物。然而，在现实生活中，你真正了解见过它们的用途吗？你是否真正被它们所折服呢？本章内容将带你进入这个世界。

第一节　生物守护神：海草

认识海草

海草是一种单子叶植物，它生活在热带和温带海域浅水中。研究发现，海草是只适应于海洋环境生活的水生种子植物。

通常来说，要想适应海洋生活，海草必须具备以下四种机能：第一，具有适应于盐介质的能力；第二，具有一个很发达的支持系统，这个支持系统来抗拒波浪与潮汐；

水底海藻

第三，如果完全被海水覆盖，有完成正常的生理活动以及实现花粉释放和种子散布的能力；第四，如果有较为稳定的环境，还要具备与其他海洋生物进行竞争的能力。

在海洋浅水海岸带生存是海草的重要特征。一般情况下，海草适合在近海浅水域和河口海湾环境生长，一般是聚集在珊瑚礁的潟湖和大陆架的浅水里，如果完全为淡水区，则不可能有海草。从世界范围来看，海草多数种类分布在东半球的印度洋和西太平洋地区，部分种类分布在西半球加勒比海地区。

你知道吗

海底草场有什么重要作用

海草的根系非常发达，它可以抵御风浪对近岸底质的侵蚀，对海洋底栖生物具有重要的保护作用。同时，通过光合作用，海草能吸收大量的二氧化碳，释放出氧气溶于水体，对水体中的溶解氧起到补充作用，改善鱼类的生存环境。更重要的是，它能为鱼、虾、蟹类等海洋生物提供良好的栖息地和隐蔽场所。

在进化过程中，海草对海洋环境具有一些特异的形态适应，主要包括以下几个方面：

1. 根和茎

海草的根状茎非常发达，所以适合生长在浅海沉积物中，这些根状茎会与沉积物紧密结合。鉴于此种情况，我们可以得知，碎屑沉积和基质稳定的沉积物是海草的聚居地。通常情况下，根是从根状茎上或各短枝的基部长出的，与陆生植物的纤维质根有很大的区别，其根较厚且多肉质。

2. 叶

一般情况下，海草的叶从直立茎之上或从根状茎上长出来。叶片扁平柔软，形状多为丝带状、卵形、椭圆形、毛尖形或圆柱形，正因为如此，海草才得以经受住海水的运动而保持直立。

美丽的海草

3. 花

海草的花非常小，即使是开花，其花也不明显，构造上大多退化，呈淡白色，着生于叶簇的基部，雄花花蕊及雌花的花柱和柱头能伸出花瓣。花粉多为细长形或者球形，一般是呈胶状团释放，由水流携带。大多数海草是雌雄异株，如果是雌雄同株则为雌蕊早熟。大叶藻属、异叶藻属、喜盐草属都为早熟的雌性早熟器官。

从解剖学方面来看，海草不同种间有一致的内部结构，它们都为典型的水生植物。水生植物所共同具有的通气组织是全部海草的叶片、短枝、根状茎和根的最大解剖学特征。这种特化的薄壁组织的组成部分是一个规则的排列气道或腔隙，它们的存在有助于叶子的漂浮和便于植物体的气体交换。总体来说，与陆生植物解剖学的不同之处在于海草叶片构造是高度退化，叶中通气组织的空隙或气道非常发达，而叶表皮具有叶绿体。而在维管束方面，海草的维管束非常不发达。

关于海草的具体起源，如今存在两种不同的观点，有些人认为海草是由早年已适应于水生生活的祖先演化而来，他们假定由淡水向海洋过渡的次序为淡水种类→具耐盐性的淡水种类→盐、淡水种类→海水种类。另外一些人认为，小群海草是大群淡水植物在演化中的一个次要分支。通过化石可以证明在种子植物发展的早期阶段，海草已经出现。所以，可以断定海草是由聚伞花序的、根状茎合轴的、生长于潮间带上部或潮上带，有耐盐性的陆生植物演化而来。

海草

海草场是遍布世界浅海水域最显著和广泛的群落之一，是一类具有极高生产力的浅海生态系统，其主要的结构成分是海草。海草为附生的微藻和附着动物提供了一个理想的固着基质。底栖藻类和浮游藻类都存在于这一群落生境。此外，海草场也为小型动物提供了独特的微环境。

关于海草群落在海洋环境中的生态意义可归纳为以下几点：

（1）海草的根和根状茎生长在沉积物中，具有稳定沉积物的作用，同时海草叶片可以“捕获”海水中

海草是不错的美食选择

的悬浮物，从而改善海水的透明度。

（2）海草群落是第一生产者，具有高的生产力。

（3）海草是许多动物的一种直接食物来源。

（4）海草群落是许多动物的重要栖息地和隐蔽场所。

（5）海草是附生动植物重要的底物。

（6）海草从海水和表层沉淀物中吸收养分的效率很高，是控制浅水水质的关键植物，因此，海草能在水中可溶性营养盐很低的条件下生长。

（7）海湾或河口的海草场大量生长时，也会造成河道堵塞，影响航道通行。

海草的繁殖方式

在中国南海，海草是重要的生态系统，种类也非常多。就海洋生态系统而言，海草具有非常重要的作用：通过降低悬浮物和吸收营养物质，海草可以净化水质，同时也增加了水的透明度；海草成为多种动物的栖息地、育苗场所和庇护场所，特别是为那些具有较高经济价值的动物提供了育苗场所。除此之外，海草还是许多生物的重要食物，为其他生物的生存提供了条件。由于其根系较为稠密，所以可以成簇扎在海底中，起着固定底质的作用。在波浪和潮流的袭击下，海草可以

海底的海草

自然环境不断发生变化，二是人为原因。如今，人类不合理的活动越来越多，如填海造地，扩展城市，严重损害了沿岸的许多自然海岸，破坏了原有的生态系统；而人类不断向海洋中倾倒污水，使得海水受到严重污染，富营养化现象严重，海草逐渐消失。

很好地保护海岸。总之，海草的作用非常多，有着很高的实用价值。

虽然海草的作用非常多，但是并没有得到足够的重视，在此情况下，海草的面积也在不断减小。当然，关于海草面积减少的原因是非常多的，主要包括以下两个方面：一是

海草在遗传变异的过程中，克隆性对其产生了重要影响。在一些海草植物种群中，我们可以观察到较高的克隆多样性，然而也有一些种群由单一基因型或少量基因型组成，之所以会这样是以因为奠基者效应和克隆生长。通常情况下，克

水底的海草

隆植物中的基因流是非常有限的，然而，由于海草的克隆片段可能远距离扩散，所以，种群间的基因流得到了很大提高。

你知道吗

中国的海草

我国海草分布可分为北方区域（包括辽宁、河北、山东，含有2属7种）和南方区域（福建、台湾、广东、香港、广西、海南和西沙群岛，含有8属14种）。北方区域属于世界海草分布区系中北太平洋区，而南方区域属于世界海草分布区系中印度洋太平洋区。中国南海位于印度－西太平洋区的北缘，是世界热带性海草分布的中心之一；黄海、渤海、东海也生长不少温带性海草，除全楔草在我国新近发现外，一些古老、原始的属如异叶藻属、根枝草属尚未有记录，由此可以推断，中国诸海海草区系的形成历史较短，为继发性的。

海草床

海洋的存在孕育了植物的出现，但是海草属于二次下海，在植物进化过程中，海草有着非常重要的地位。海草床与红树林、珊瑚礁被称为三大典型的海洋生态系统。通过研究发现，在海草床中拥有多种生物品种，数量惊人。但是在没有海草的地方，生物种类要少很多。所以，海草床成为生植物生存必不可少的条件。纵观海草床自出现以来所产生的价值来看，其拥有很高的生态经济价值，主要表现在以下几个方面：

第一，在海洋中，海草床是海洋生物的栖息地和重要食物链，对海底质和海岸线具有稳固作用。海草床生态系统的存在不仅可以改善海水的透明度，减少富营养质，而且还为大量海洋生物提供栖息地，其中包括底栖动植物、深海动植物、附生生物、浮游生物、细菌和寄生生物，同时，海草床也是一些渔业资源的生长场所和繁衍场所。由于海草床中有非常多的腐殖质，所以成为海鸟的重要栖息地。另外，海草床是浅海水域食物网的重要组成

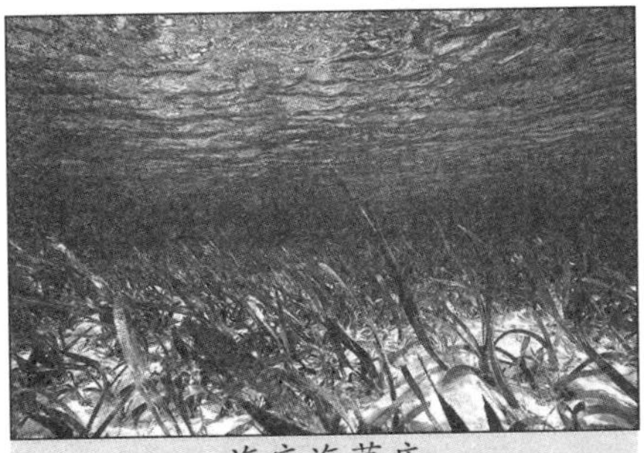
海底海草床

部分，直接食用海草的生物包括儒艮、海胆、马蹄蟹、绿海龟、海马、鱼类……而死亡的海草床为复杂食物链的形成提供了基础，细菌将海草腐殖质进行分解，其分解物称为多种动物的食物。浮游植物和浮游生物的存在为幼虾和鱼类提供了食物。另外，海草的根茎非常长，根茎将泥土抓紧，不仅减弱海浪冲击力和减少沙土流失，而且还能很好地保护海堤。

第二，在开发海洋生态旅游的同时，要建立海草床资源保护区。生态旅游是一种以独特的自然资源为基础的高层次旅游活动，使当地人民在保护自然资源的同时获得经济收益。就我国来说，作为独特的海洋生态系统，海南的海草床资源既可规划建设成生态自然保护区，又是开展海洋生态旅游的理想场所。相信其必然为海南人民带来很大的经济效益。

浅海海草床

第三，成片的海草床是海洋生态养殖业的重要基地。如今，海水养殖业已经成为发展经济的重要产业。通过对海洋生态环境进行取证可以了解发展何种生态养殖业，最终确定海水养殖容量、养殖种类、养殖密度和布局，实现经济效益和环境效益的统一，取得双赢。

第四，海草床资源可以带动相关加工业的发展。海草的编织工艺品，如海草画、海草篮、海草包等，在欧美市场很受欢迎，成为重要的出口产品。另外，从海草中提取的有效成分做出的护肤品也能取得好的经济效益。

你知道吗

海藻床与高科技的发展

美国科学家通过基因工程技术，将海草中的基因注入陆地作物高粱的基因中，于1997年培植出第一批可用海水浇灌的新型高粱。德国科学家利用海草中含有的碳酸钙，于2001年制成性能几乎与人的骨头完全一样的人造骨，是理想的骨组织替代物。美国科学家正在研究海草上的真菌和微生物，寻找含有对付癌症和其他21世纪瘟疫的有效成分。因此，保护好海南的海草床资源，在保护中科学开发海草床资源，对海南经济社会可持续发展具有巨大的推动作用。

海草的生态环境

在海洋生态环境中，海草起着非常重要的作用。根的存在使海草能够摄取沉积物中含量较高的营养物，而这些营养物通常无法被该生态系统中的其他初级生产者所利用，所以海草的存在是非常必要的。另外，海草在固碳方面起到了重要作用，海草通过其高生产力建立很大的碳储备，在热带地区，这些碳储备被食草动物所利用。研究发现，与红树林和珊瑚礁相比，海草具有更高的经济价值。

作为一种生长在水下的水生植物，海草是由陆生植物演变而来的。纵观所有的海洋生物，海草是唯一淹没在浅海水下的被子植物，它在水下开花结果，然后死亡，随后再发芽生长。在世界范围内，海草的种类是非常多的，它们多分布在温带和热带的海岸带水域，但是由于自然和人为原因，海草的生长环境受到了严重破坏。沿海潟湖、河口和海湾是它们的聚集区。在热带和亚热带地区，海草场与红树林和珊瑚礁共同组成了三大典型海洋生态系统。而这三个生态系统中，海草

茂盛的海草

场最具有生产力。

与陆生植物相比，海草也有根茎叶的分化，它也会开花和结果。但与陆生植物也存在着很大的不同，即海草没有强壮的茎秆，在面对海浪冲击的时候，它们依靠叶子漂浮在海面上。

从海草的形态学和生活习性方面来看，海草与海里的大型藻类非常相似，但是如果细心观察和研究就会发现它们之间有很大的差别。从生理结构上看，海草与陆生植物相似,它们有非常完整的结构分化，但是大型藻类并没有。通常情况下，大型藻类是依靠假根附着在海底或其他一些固定于海里的物体，但是海草是有真正的根，它们通过根固定于海底，然后通过根来吸收营养物质和矿物质。着眼于光合作用来看，大型藻类的所有细胞都可以进行光合作用，但是海草进行光合作用的部分只有叶绿体。除此之外，大型海藻可以直接获得营养盐和矿

岸边的树林与海草

物质，而海草只能够通过木质部和韧皮对这些物质进行传输。在繁殖方面，大型海藻几乎都没有繁殖器官，但是海草能够很好地进行有性繁殖。总之，大型海藻与海草是有非常大的区别的。

海草的用途是非常广泛的，它可以直接作为原料，也可以作为工业生产原料。除此之外，海草还可以作为旅游观赏的对象。

而海草场具有良好的生态作用，它改善了周围的环境，为周围的居民提供了各种便利。海草场的存在对水质净化、维护岸堤、促进渔业生产发展都起着非常重要的作用。通过吸收海水中的氮等元素，海草净化了水质,把赤潮扼杀在摇篮中。而海草场还成为多种海洋生物的生存场所,它们为这些动物提供养料，促进了渔业发展，带来了巨大的经济效益。生活在海草场中的经济动物可以在海草场中孵卵、生长以及生活。当其幼体长大后可能游到附近的海域生活，极大地降低了生产成本，提高了经济效益。由于海草场拥有很强的固定作用，所以可以很好地保护海堤。

作为海洋生态系统的重要部分，海草除了具有经济和实用价值之外，它的存在还给人以精神方面的美好享受。

大叶藻

海草的代表植物

1. 大叶藻

多年生草本。根状茎匍匐生长，直径 2 ~ 4 毫米，节间伸长，每节生有 1 枚先出叶和多数须根。直立茎管状，侧扁，或疏生分枝，淡绿色，膜质，节间长 10 ~ 35 毫米。先出叶仅具鞘而无叶片，长 2 ~ 5 毫米，膜质，半透明，呈闭合的套管状，顶端钝，腹侧稍凹陷，具 3 脉；鞘内小鳞片 2 或 4，线形，长 2.5 ~ 3 毫米，先端急尖。营养枝短，具叶 3 ~ 8 枚；叶鞘膜质，管状，长 5 ~ 15 厘米，后期呈不规则的撕裂状；叶耳长约 1 毫米，急尖；叶舌长不超过 0.5 毫米，具 3 ~ 7 脉；鞘内小鳞片 2 或 4，线形；叶片线形，绿色，互生，长可达 120 厘米，宽 2 ~ 12 毫米，边缘全缘或呈波形，粗糙，先端圆头；初级叶脉 5 ~ 11 条，中脉于顶端稍加宽，与侧脉在叶端下面呈拱形连接，脉间附束 4 ~ 5 条，次级脉间隔 1.5 ~ 5 毫米，与初级叶脉多少垂直，或有时稍斜升。生殖枝长，可达 100 厘米，疏生分枝；佛焰苞多数；佛焰苞梗扁平，宽 1 ~ 2.5 毫米；佛焰苞鞘绿色，长 4 ~ 8 厘米，宽 2 ~ 4 毫米，边缘无色，膜质，叶耳钝圆，或截形，叶舌极短；苞鞘顶端叶片长 5 ~ 20 厘米，较营养叶狭，先端钝圆，基部缢缩，具 5 ~ 7 脉。肉穗花序长

4～6厘米，穗轴扁平，条形，先端钝，具突尖，或有时稍呈急尖；花小，单性，雌雄同株，无花被，雌雄花沿着花序轴两侧交互排列；雄蕊花药长4～5毫米，宽约1毫米，通常无苞片状附属物，稀于最下面的雄花一侧具1枚；雌蕊子房长2～3毫米，花柱长1.5～2.5毫米，柱头2，刚毛状，长约3毫米。瘦果，椭圆形至长圆形，长约4毫米，具喙；外果皮褐色，干膜质至近革质，具纵纹。种子暗褐色至淡黄色，具清晰的16～25条纵肋。花果期3—7月。半水媒传粉。

2. 丛生大叶藻

多年生沉水草本，显花植物，呈丛生状。根状茎极短而近直立，节间长一般不超过5毫米，节生1枚先出叶和多数须根。先出叶无叶片，仅具膜质半透明的管状叶鞘；鞘内小鳞片2，线形。营养枝具3～4叶；叶鞘长5～15厘米，较叶片略宽，管状，宿存，后期呈不规则的撕裂状，叶耳长约1毫米，先端急尖，叶舌长不超过0.5毫米，鞘内小鳞片2；叶片线形，互生，长达70厘米，宽3～6毫米，全缘或有时具单细胞所构成的微齿，先端微凹；初级叶脉5～7条，平行，于叶端相互连接，脉间附束4～5条，次级叶脉间隔2～5毫米，与初级脉垂直排列。生殖枝长30～60厘米，稀疏分枝；具佛焰苞数至10枚；佛焰苞梗扁平，宽1～2毫米；佛焰苞鞘长35～60毫米，宽3～4毫米，具2枚钝的叶耳和1极短的叶舌；苞鞘顶端叶片长4～12厘米，稍狭于营养叶或与之等宽，先端钝至微凹，基部明显变狭，具5脉；鞘内小鳞片2，长2.5毫米，线形，渐狭。肉穗花序生在佛焰苞内，佛焰苞梗扁平，先端钝，具突尖，边缘无苞片状附属物；花小，单性，雌雄同株；雄蕊花药长4～5毫米，宽约1毫米；雌蕊子房长2.5毫米，花柱长2毫米，柱头2，钻形，长约2毫米。瘦果，卵形或椭圆形，长约3.5毫米，褐色，具喙；外果皮近革质，具纵向条纹。种子褐色，椭圆形，具16～20条纵肋。花果期4—6月。半水媒传粉。

海底大叶藻

3. 具茎大叶藻

多年生草本。根状茎匍匐，直径 2 ~ 3.5 毫米，节间长 10 ~ 20 毫米，节生 1 枚先出叶和多数须根。先出叶仅具鞘而无叶片，长约 5 厘米，呈膜质半透明的管状，顶端钝，腹面边缘凹陷。营养枝具叶数枚；叶鞘长可达 15 厘米，膜质，呈闭合的管状，后期不规则撕裂状，叶耳长约 2 毫米，急尖，叶舌直挺，长 1 ~ 1.5 毫米，鞘内小鳞片 2；叶片长达 50 厘米，宽 5 ~ 8 毫米，先端钝；初级叶脉 5 ~ 9 条，平行，于叶片近顶端处彼此连接，脉间附束 4 ~ 6 条，次级叶脉间隔 1 ~ 3 毫米，与初级脉垂直排列。生殖枝长可达 100 厘米，分枝稀疏，通常下部数个分枝生有佛焰苞，上部分枝仅产生营养叶；佛焰苞梗扁平；苞鞘长 5 ~ 8 厘米，叶耳钝或截形，叶舌极短，鞘内小鳞片 2，线形，长约 6 毫米；苞鞘顶端叶片长 8 ~ 15 厘米，较营养叶狭，先端钝圆或具 1 小突尖，基部缢缩。肉穗花序生佛焰苞鞘内；穗轴扁平，先端钝，边缘无苞片状附属物；花小，单性，雌雄同株；雄蕊花药长 4.5 ~ 6 毫米，宽 1 ~ 1.5 毫米；雌蕊子房长 2 毫米，花柱与子房等长，柱头 2，钻形，长 2.5 ~ 3 毫米。瘦果，长椭圆形，长约 4 毫米，具喙，外果皮干膜质至近革质，褐色，平滑。种子浅褐色，光亮，近平滑；胚具紫色的斑点。

挂着的大叶藻

花果期4—6月。半水媒传粉。

4. 宽叶大叶藻

多年生草木。根状茎匍匐，节间长1 ~ 2厘米，节生1枚先出叶和多数须根。先出叶仅具鞘而无叶片，长4 ~ 5厘米，呈膜质半透明的管状，顶端钝，腹面边缘凹陷，鞘内小鳞片2，线形，长约5毫米。营养枝具叶数枚；叶鞘长10 ~ 20厘米，早期扁平而闭合的管状，后期不规则撕裂状，鞘内小鳞片2，叶舌不明显；叶片扁平，线形，长可达100厘米，宽10 ~ 15毫米，先端钝至截形，常微凹；初级脉7 ~ 11条，平行，于叶端呈拱形或不规则的连接，脉间附束7 ~ 9条，次级脉间隔3 ~ 7毫米，与初级脉垂直排列。生殖枝长逾100厘米，较少分枝；佛焰苞梗扁平，宽约3.5毫米；佛焰苞鞘长3 ~ 5厘米，宽约5毫米，叶耳极钝，叶舌极短，鞘内小鳞片2，线形，长约4毫米；苞鞘顶部叶片长5 ~ 10厘米或稍长，较营养叶狭，先端微凹，具7 ~ 9脉。肉穗花序穗轴扁平，先端钝或急尖；花小，单性，雌雄同株；雄蕊花药长约4毫米；雌蕊子房长2 ~ 3毫米，花柱长1 ~ 1.5毫米，柱头2，长约2.5毫米。瘦果，长椭圆形，长5 ~ 6.5毫米，粗约3毫米，纵纹不明显，具喙；外果皮褐色，末端沿脊撕裂。种子黄褐色，平滑；胚不具色素斑点。花果期7月至翌年3月。半水媒传粉。

大叶藻

5. 日本大叶藻

多年生草本。具发达的根状茎，根状茎匍匐，直径0.5 ~ 1.5毫米，节间长5 ~ 30毫米，节生1枚先出叶和2条纤细的根。先出叶仅具鞘而无叶片，长约2厘米，边缘稍叠压，抱茎，呈半透明的膜质，无叶耳。营养枝具叶2 ~ 4枚；叶鞘长2 ~ 10厘米，边缘膜质，叶耳钝圆，长0.3 ~ 0.5毫米，鞘内小鳞片2，披针形，长约1毫米；叶舌明显；叶片线形，深绿色，长5 ~ 35厘米，宽1 ~ 2毫米，先端钝或微凹，近基部略窄，略分叉；初级脉3条，平行，中脉于顶端增宽或分叉，侧脉边缘生，与中脉在叶片顶端连接，脉间附束3 ~ 5条，次级脉间隔1 ~ 4毫米，与初级脉垂直排列。生殖枝长 10 ~ 30 厘米，具佛焰苞几枚至多枚，佛焰苞梗扁平，先端常具有钝的突尖，边缘有约与雄花同数、略呈斜三角形、广三角形或椭圆形的苞片状附属物，长约 1.5 ~ 2.5 厘米；花小，单性，雌雄同株；雄蕊花药纺锤形，长约 2 毫米；雌蕊子房与花柱等长，柱头 2，钻形。瘦果，椭圆形至长椭圆形，长约 2 毫米，光滑，顶端具长约 1 毫米的喙，有光泽；外果皮红褐色至淡紫褐色。种子棕色，一端稍扁，另一端稍尖细。花期 6—9 月。半水媒传粉。

岸边的大叶藻

6. 黑须根虾形藻

多年生草本。根状茎粗短，匍匐，直径约 0.5 厘米，每节具叶 1 枚和 2 条不分枝的根。植株基部常为一丛缠结的黑褐色毛状纤维所包围，长可达 4 ~ 5 厘米；茎短缩，节间长仅 3 ~ 5 毫米。叶互生，具鞘；叶鞘长 4 ~ 20 厘米，抱轴，背部绿色，两侧边缘膜质，无色，叶耳钝尖，叶舌短，挺直，3 脉；叶片扁平，线形，深绿褐色，长 25 ~ 100 厘米，宽 1 ~ 2.5 毫米，全缘，或近顶端边缘初时具鳍刺状齿，后间断脱落形成稀疏微齿，叶端钝圆，常微凹；初级叶脉 3 条，中脉顶端略扩展，侧脉边缘生，于顶端与中脉连接，次级脉横生，与初级脉垂直排列，间距 3 ~ 6 毫米。花序腋生，具佛焰苞 1 枚；佛焰苞梗扁平，长 1 ~ 3 厘米，稀可达 7.5 厘米，宽约 1 毫米；佛焰苞鞘长 3 ~ 4.5 厘米，宽 5 ~ 6 毫米，抱轴，弯虾形，背部绿色，宽 3 毫米，3 脉；花单性，雌雄同株；雄花花药 2 室，药室线形，小苞片卵状披针形，急尖或渐尖，单脉；雌花心皮箭头状至心形，花柱短，柱头 2。果实背腹压扁，新月形，长仅 2 ~ 2.5 毫米，宽 4 ~ 5 毫米，向下弯曲呈新月形，喙顶生，短，后期具若干硬而弯曲的刚毛。花期 3—5 月，果期 6—8 月。半水媒传粉。

我国著名的海草植物

1. 红须根虾形藻

多年海生沉水草本。根状茎粗短，匍匐，直径约 0.5 厘米，每节具叶1枚，纤根2条。植株基部常为一丛缠结的红棕色毛状纤维所包围，长可达10厘米；茎短缩，节间长4 ~ 5毫米。叶互生，具鞘；叶鞘长可达25厘米，抱轴，背部绿色，膜质边缘较狭，无色，叶耳钝尖，叶舌短，新月形，5脉；叶片线形，长100 ~ 150厘米，宽1.25 ~ 4.5毫米，下部全缘，上部边缘具连续的鳍刺状齿，后部分脱形成连续的细齿，叶端钝；初级叶脉5条，中脉与侧脉及侧脉与叶缘间隔几相等，于叶端汇合，次级脉横生，与初级脉垂直排列，间距2 ~ 3毫米。花序腋生，具佛焰苞1枚；佛焰苞梗扁平，长1.2 ~ 8厘米，宽1 ~ 1.5毫米；佛焰苞鞘长1.7 ~ 5.5厘米，宽6 ~ 8毫米，抱轴，弯虾形，背部绿色，宽2.5 ~ 5毫米，5脉。肉穗花序生佛焰苞内，穗轴线状披针形，钝尖或急尖，中肋清晰；花单性，雌雄同株；雄花由单1雄蕊组成，花药2室，线形，长约2毫米，8 ~ 9枚于穗轴上互生，苞片坚韧，斜卵形至披针形，基部略斜，单脉；雌花由单1雌蕊组成，8 ~ 12枚呈45°斜角贴生于穗轴上，心皮箭形，花柱长约0.5毫米，柱头2，花后即落，小苞片与花互生，坚韧，线状披针形至镰形，先端急尖，不对称或有微钩。果实扁，新月形，长2.2 ~ 3毫米，宽4 ~ 5毫米，具短喙和中脊，每边各有1近轴的背沟，从中间到侧边有急弯的刚毛。种子椭圆形。花期4—6月，果期8—10月。半水媒传粉。主要分布在辽宁的大连，河北，山东的龙口、长岛、烟台、威海、九龙城、俚岛、崂山、麦岛和青岛。

浓密的虾形藻

2. 聚伞藻

多年海生沉水草木。根茎匍匐，侧扁，棕红色，密被厚层长纤维(叶鞘残迹)，每节具鞘状鳞片1枚，须根1条。直立茎明显短缩。叶互生；叶鞘长约12厘米，宽约10毫米，仅基部边缘相覆盖，呈开口鞘状，边缘内折，叶耳生于内折边缘的上部，叶舌长5 ~ 10毫米；叶片质韧，线形，略弯，长60 ~ 90厘米，宽6 ~ 15毫米，全缘，先端钝圆或截形，基部稍狭；叶脉11 ~ 21条，平行。穗状花序2 ~ 7枚着生于伸长的花序梗上，最下面的小穗包藏于退化叶状苞内，穗长3 ~ 7.5厘米，每穗3～6花；花两性，无花被；雄蕊3枚，无花丝，花药2室，红色，长约5毫米，生于倒披针形、厚大药隔的基部，药隔中肋隆起；雌蕊1枚，长4～5毫米，倒长卵形，柱头不规则浅裂，多少呈马蹄铁形。核果，斜倒卵形，长15～30毫米，平滑。稀具瘤，喙尖，微弯，无柄而托以宿存药隔所形成的苞状物；果皮肉质，松软，绿色，于后暗棕色，于种子萌发前向基部不规则开裂成若干瓣。种子1枚，背面较腹面宽；种皮膜质；胚直生。花果期未定。主要分布在海南的三亚。

3. 海神草

沉水草本。根状茎匍匐，较纤细，单轴分枝，每节具1～3条略粗而不规则分枝的根和1条短缩的直立茎；茎端簇生叶片2～5枚。叶片线形，多少呈镰刀状，长7～15厘米，宽4毫米以下，全缘，叶先端不变狭，呈钝圆形或截形，有时先端两侧边缘稍有极细齿；平行脉7～15条，脉间一次级小脉相连，边缘叶脉于顶端汇合，呈闭锁状；叶鞘长1.5～4厘米，宽约3毫米，微紫，顶端具一略呈等腰三角形的叶耳，脱落后常在茎上形成一闭合环痕，有叶耳和叶舌。花单性，雌雄异株；花单生于叶腋，无花被；雄花花药长约11毫米，附着在花序梗同高的位置；雌花子房甚小，与稍细的花柱共长约5毫米。果实半圆形或半卵圆形，侧扁，长约10毫米，宽约6毫米，厚约1.5毫米，无柄，外果皮骨质，具3条平行的背脊，中脊具6～8条明显的尖突齿，有时腹脊亦具3～4齿，顶喙略偏斜，宿存。花果期未定。水媒传粉。主要分布在台湾，广东徐闻，海南的琼海、文昌、陵水和三亚。

喜盐草

4. 喜盐草

多年海生沉水草本。根状茎匍匐，细长，易折断，节间长1～5厘米，直径约1毫米，每节生细根1条和鳞片2枚；鳞片膜质，透明，近圆形、椭圆形或倒卵形，先端微缺，基部耳垂状，外面鳞片长5～5.5

毫米，宽3～3.5毫米，内面鳞片中肋隆起呈龙骨状，边缘波状，长4～4.5毫米，宽约3毫米。叶2枚，自鳞片腋部生出；叶片薄膜质，淡绿色，有褐色斑纹，透明，长椭圆形或卵形，长1～10厘米，宽0.5～2厘米，先端圆或略尖，基部钝形、截形、圆形或楔形，全缘呈波状。叶脉3条，中脉明显，缘脉距叶缘约0.5毫米，与中脉在叶端连接，次级横脉8～25对，连接中脉与缘脉，与中脉交角45°～60°；叶柄1～4.5厘米。花单性，雌雄异株。雄佛焰苞阔披针形，长约4毫米，顶端锐尖；雄花被片3片，椭圆形，伸展，长约4毫米，宽约2毫米，白色，具黑色条纹，透明；花药3个，长圆形。雌佛焰苞苞片2，广披针形，外苞片紧裹内苞片，均呈螺旋状扭卷，形似长颈瓶，颈部长，约为膨大部分的2倍；雌花花被退化；子房略呈三角形长1～1.5毫米；花柱细长，柱头3枚，细丝状，长2～3厘米。蒴果肉质，近球形，直径3～4毫米，具4～5毫米长的喙，果皮膜质。种子多数，近球形，直径小于1毫米；种皮具疣状突起与网状纹饰。花期11—12月。水媒传粉。主要分布于台湾地区，广东的汕头、潮州、遮浪、硇洲岛、湛江和徐闻，香港地区的荔枝窝、大屿山、散头、鸡谷树下和小滩，广西的防城港、钦州、北海和涠洲岛，海南的海口、文昌、琼海、万宁、陵水和三亚，西沙群岛的永兴岛、晋卿岛和石岛。

第二节 海岸卫士：红树林

什么是红树林

红树林是一种稀有的木本胎生植物。所谓的红树林是指由红树科的植物组成,组成的物种包括草本、藤本红树。它生长于陆地与海洋交界带的滩涂浅滩，是陆地向海洋过渡的特殊生态系。

茂盛的红树林

红树植物是专一在红树林、海滩中生长并经常可受到潮汐浸润的潮间带上的木本植物，包括蕨类植物——卤蕨。

半红树植物是只有在洪潮时才受到潮水浸润，是陆、海都可生长发育的两栖植物，有露兜、水黄皮、杨叶肖槿、黄槿、海芒果等。

伴生植物是生长在红树林区经常受潮汐浸润的非木本植物，如一些棕榈植物和藤本植物(三叶鱼藤)。

从植物分类上来说，红树属于红树科的植物。而红树林的主要组成部分为红树科植物,如木榄、海莲、秋茄、红树、红海榄……但是并非所有的红树科植物都可以组成红树林，通常情况下，那些生长在陆地或者是高山上的红树科植物并不是红树。

红树林的生长环境是非常特殊的，正因为对环境的要求比较高，所以典型的红树林植物种类是非常有限的。但是这并不表示红树林植物就会逐步消亡，因为它可以通过海流来繁殖，只要是在有海域的地方，无论距离多么遥远，都可以有红树林存在。

从地理位置上来看，非洲大陆和美洲大陆把热带大西洋、热带印度洋和热带太平洋分隔开，虽然如此，热带印度洋和热带太平洋的海水是相通的，所以，在这样的有利条件下，红树林就会生长繁殖，成为联系西方和东方的纽带。

南洋群岛是热带印度洋和热带太平洋交界的地方，在这里具有最漫长的热带海岸线，同时也成为东方群系红树林的发育中心。从世界范围来看，南洋群岛及附近地区的红树林面积最大，种类最多，生长最茂盛，与热带雨林连成一片，使南洋群岛中的很多岛屿被森林所覆盖。

裸露的红树林根系

在辽阔的热带印度洋和热带太平洋上，东方群系分布非常广，西到非洲的印度洋沿岸，东到太平洋诸岛，南到新西兰的查塔姆群岛，北到日本和中国南部的海岸。赤道附近的红树林树木高大,种类多样，但向南北种类逐渐减少，树木也较矮。纵观世界范围，我国是红树林的北部边缘，而我国境内发育最为良好的红树林当属海南的红树林，不仅种类多，而且长势良好。如果与南洋群岛相比的话，海南的红树林群落高度要低一些，种类也不如南洋群岛的多。

在亚洲和澳大利亚北部等地的红树林分布区域附近还有一类水椰群落，在我国只见于海南的东南部沿海。水椰群落可以算作一种半红树林群落，喜欢生活在半咸水的环境中，在咸、淡水相交的河口，河滩地区最常出现。

西方群系红树林以美洲的加勒比海、南美洲的北部沿海和非洲的几内亚湾沿岸为中心，其植物的种类远比东方群系红树林要少，但森林仍然高大茂盛。在南美洲北部沿海的红树林与亚马孙的热带雨林相连，成为这片世界上最辽阔的热带森林的一部分。南北美洲在历史上曾经分开，因此西方群系红树林可以越过美洲大陆到达太平洋东岸，在太平洋诸岛的斐济和汤加等地，西方和东方两大群系的部分种类可同时出现。

从世界范围来看，红树林大致分布在南北回归线之间的范围内，共有两个分布中心：东亚和中南美洲。与中南美洲相比，东亚红树林的长势更为繁茂。在我国范围内有着与东亚相同的红树林类型，主要分布在广西、广东、海南、台湾地区、福建和浙江南部沿岸。其中，红树林资源最为丰富的当属广西壮族自治区。纵观太平洋西岸所有拥有红树林的国家，我国的红树林最具有代表性。

风情万种的红树林海岸

红树林海岸是生物海岸的一种。生长在华南沿海淤浅滩上的大片灌木丛林，涨潮时，潮水淹没了浅滩，树干被浸泡在水中，只有树冠露在海面上，成为一片浓绿的“海洋森林”。落潮后，露出的树干沾挂着污浊的泥水，树根堆积了大量浮泥，这时“海洋森林”变成了海岸泥沼。这些灌木主要是红树科的植物，由这种灌木丛林与泥沼结合组成的海岸就叫作红树林海岸。

红树林风景

你知道吗

红树林海岸的药用价值

红树林海岸不但美丽壮观，而且为人们带来大量日常保健自然产品，如木榄和海莲类的果皮可用来止血和制作调味品，它的根能够榨汁，是生产亚洲女性常使用贵重香料的原料。在印度，木榄和海莲类的叶常用于控制血压。斐济的岛民利用海漆类的红树林树叶放入牙齿的齿洞中以减轻牙疼。据说红树林的果汁擦在身体上可以减轻风湿病的疼痛。在哥伦比亚的太平洋海岸的人们浸泡大红树的树皮，制成漱口剂来治疗咽喉疼。在印度尼西亚和泰国，用红树林的果实榨的油，用于点油灯，还能驱蚊和治疗昆虫叮咬和痢疾发烧。

红树是生长在热带、亚热带的植物，它要求终年无霜、温暖而潮湿的气候。红树有特殊的结构，可以耐盐、耐碱，树干上生长了很多

红树林边的水鸟

气根，已适应长期浸泡在海水与淤泥等缺乏空气的环境中生活。红树还生长着板状根和支柱根，可以抵抗风浪的袭击而不倒下。它的种子成熟后留在母树上的果实内萌发，然后从果实中伸出 20 ~ 30 厘米下垂胚轴。当幼苗成熟后，在重力作用或在外力作用下落入泥中，很快生根固定。幼苗也可以随着海流漂向外海，遇到适宜的环境就生长固定下来。它的叶子不大，光亮而肥厚，能抵抗热带地区强烈的日光，又可储存水分减少叶面蒸发。这些特点，使红树能在热带、亚热带风浪比较小的淤泥海滩上茂密生长，形成一种特殊的、由植物构成的海岸。我国海南岛的文昌、儋州、三亚内湾，雷州半岛的海安，闽南惠安、泉州等海湾以及珠江口，都有红树林生长。但以海南岛东部清澜港等处的红树林生长最茂盛。海南岛红树植物最为丰富，种类也最多，有 37 种。

我国红树林海岸的分布，大致从广西钦州湾开始，经过雷州、海南岛、电白、阳江等地到台湾，北部直达福建的福鼎，大约相当于北纬 27° 20′ 地区，即在福建福鼎一带。浙江南部海岸在永嘉到平阳一段曾引种红树成功。

红树林分布在低平的堆积海岸的潮间带泥滩上，特别在背风浪的河口、海湾与沙坝后侧的潟湖内最发育。它常常沿河口、潮水沟道向内陆深入数千米。

红树林海岸可以划分为一系列与岸平行的地带。按其自海向陆的顺序是：

（1）浅水泥滩带位于低潮海面以下，经常为海水淹没，但水浅，仅 1 ~ 2 米水深，是淤泥的海底。

（2）不连续的沙滩带位于低潮线附近，能受到风浪的作用，所以有一些沙滩分布，但这里风浪作用不是很强，沙滩又被一些小河、潮水沟道或泥滩所分隔。在这个地带内，仅在潮沟两侧与泥滩上有一些

丰茂的红树林

零散的红树分布。

（3）红树林海滩带位于不连续的沙滩带的后侧，宽度从几百米到几十千米不等，这里生长着茂密的红树丛林，它笼罩了整个潮间带的泥滩，由于红树根系发达，交互重叠，密密丛丛，林下为泥沼，并且有一些弯曲的潮水沟道迂回于林内，因而使得红树林内很难穿行。泥沼内由于红树的枯枝落叶积聚腐烂，淤泥中富含有机质残余，因而使得红树林沼泽内具有恶臭的气味。红树林内有一些水禽和贝类。其中有两种动物对红树生长有好处：一种是海蟹，它们的穴居有利于林下土壤的通气；另一种是生长在红树主干上的牡蛎，它的壳是红树生长所需的钙和碳酸的主要来源。但在福建沿海的红树林中有一种有害的贝壳——蛇，它附着在红树幼苗上，吸收红树的养料以繁殖自己的后代，致使林木枯萎死去，为保护红树丛林，必须剥去蛇壳。

（4）淡水沼泽带位于红树林海滩带的后侧，平时地面干燥，只有特大潮水时才会被浸没，夏秋季通常是河水泛滥区，这里生长着各种热带或亚热带植物与草丛。这个地带可以开垦或开辟为牧场。

红树林海岸的好处很多，用途很广。它是一种有效的生物护岸工程。红树植物，其枝叶繁茂，特殊的根系牢牢地扎根于淤泥滩上，形成一道与海岸平行的绿色屏障和密实的栅栏，它好像海上一道绿色长城保护着内侧的海岸，像一道天然的防护林带抵御着风浪。大海中的风浪，无论多大，当它遇到茂盛的红树林带时，都会被分散、消能，而变得无声无息，不能再冲刷、破坏海岸和农田了。

你知道吗

红树林的“胎生”现象

红树林采取“胎生”繁殖方式，即种子成熟后，先在树上萌发抽芽，然后离开母体，落地生根，长成幼树。有的种子随水漂

水中守卫——红树林

红树林风光

流，遇土自安，茁壮成长，故有“生命之树”之誉。

红树林怎样繁殖

红树是一种小乔木，它主要生长在热带、亚热带海岸泥沼地带。通常来说，海滩经常受到海潮的袭击，所以土质松软，一般的植物是无法立足的，但是红树却可以，因为它有发达的根系，在树干上还有许多纵横交错的支柱根垂到海涂中，这些根垂不仅起到支撑红树枝干的作用，而且还有通气和呼吸的作用。

在开花之后，红树就会结出果实。这果实的形状为倒梨形。在果实成熟之后，种子就在果内发芽，长成圆柱状的棒，形状与豆角非常相似。当胚发育成熟之后，这些种子就从母株上脱落，掉到海边的烂泥上。在很短的时间内，这些种子就会长出根，成为一株幼树。而那些没有生根的红树苗，它们会随波逐流，随遇而安，找到适合自身生存的海滩。由于幼树苗含有丰富的单宁，所以不会腐烂，更不会被海里的动物所吃掉。正因为红树可以胎生，所以可以不断繁殖，最终成为红树林。

鸟瞰红树林

红树的根具有很强的功能，它不仅能抵抗盐分，还可以从海水中吸收养分。由于红树林的叶子非常硬，而且表面有很厚的蜡质表皮和反光结构，所以体内的水分不易蒸发。而叶片中含有排盐腺，它可以把多余的盐分排出体外，所以，人们把红树称为“植物海水淡化器”。如今，科学家们正在努力研究红树是如何脱盐的。

红树林可使海岸带土地稳定，避免水土流失；调节气候，净化空气，美化环境。红树林是鸟类栖息的天堂，是鱼、虾、蟹、贝类的乐园。红树林能把海水中的沉淀物固定起来，加上落叶、鸟粪等腐殖质的聚集，天长日久便形成了新的小岛或陆地。红树根从海底土壤汲取养分，而它的腐烂枝叶又作为鱼、虾的饵料。红树林还为海边的鸟、鱼、虾和蟹类提供了生息繁衍的场所，成为维持海岸生态平衡的基地。

第四章
海洋生命之源：海洋植物

神奇的海洋世界中除了动物和各种微生物，还有一类不可忽视它们的存在，那就是海洋植物。这里不仅有低等植物，同时也生活着各种高等植物。它们是海洋中的生产者，为海洋生物提供了大量的能量和物质；它们是海中动物和微生物的栖息之所，为其提供了美丽的乐园；它们是海洋中的一道独特的风景，组成一片神奇的海洋森林。我们在这一章中，将为大家一一介绍这些不同寻常的海洋植物。

第一节 从海洋生物说起

形形色色的海洋生物

海洋生物是指海洋里的各种生物，包括海洋动物、海洋植物、微生物及病毒等。海洋科技工作者通过对我国海洋生物的调查研究，已在我国管辖海域记录到了5个生物界、44个生物门共计20 278种海洋生物。其中种类最多的是动物界，原核生物界最少。我国的海洋生物种类约占全世界海洋生物总种数的10%。

海洋生物分类方法多样。按照传统分类方式,大致可以分为三类。

1. 海洋动物

海洋动物是海洋中异养型生物

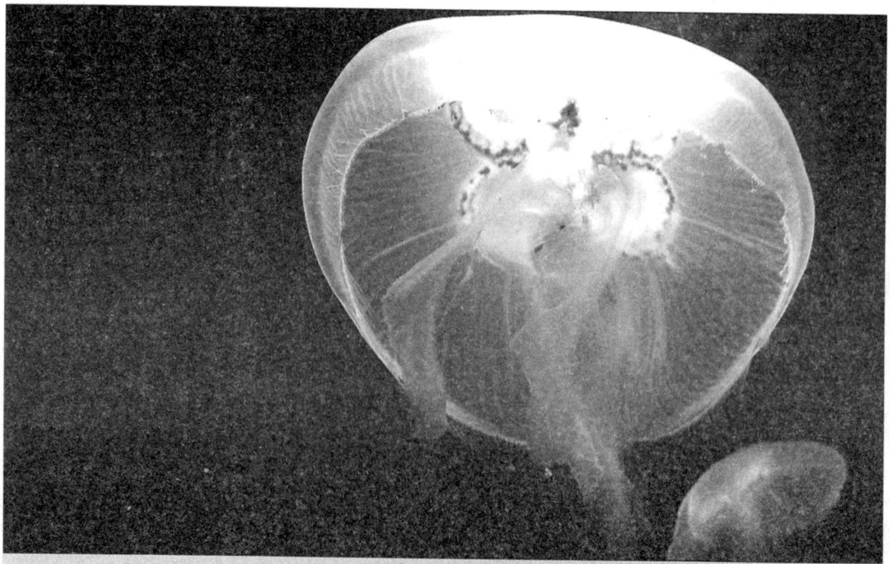

美丽的海葵

的总称，是重要的生命支持系统，海洋动物作为生物界重要的组成部分其门类繁多，各门类的形态结构和生理特点有很大差异。微小的有单细胞原生动物，大的有长度超过30米、重量超过190吨的蓝鲸。从海上至海底，从岸边或潮间带至最深的海沟底，都有海洋动物。

传说中的美人鱼

你知道吗

海里的"美人鱼"

儒艮是一种海洋动物，俗称美人鱼，与亚洲象有共同的祖先，于2500多万年前进入海洋生活。分布于印度－西太平洋海域，目前世界上仅存5个种群，1000～2000头，在中国属于国家一级重点保护动物。有专家估计，儒艮可能在25年后灭绝。儒艮白天在水深30～40米的浅海区活动，有时晚间或黎明也到河口区来觅食，但不能在淡水中栖息生活。儒艮多在距海岸20米左右的海草丛中出没，以2～3头的家族群活动，定期浮出水面呼吸。儒艮每天要消耗45千克以上的海草，摄食动作酷似牛，一面咀嚼，一面不停地摆动着头部，所以又称为"海牛"。

珊瑚

2. 海洋植物

我们把海洋中利用叶绿素进行光合作用以生产有机物的生物叫作自养型生物。从低等的无真细胞核藻类到高等的种子植物，门类甚广，共13个门，1万多种。其中硅藻门最多，达6000种；原绿藻门最少，只有1种。海洋植物以藻类为主。

3. 海洋微生物

海洋微生物是指以海洋水体为

美丽的海洋植物

正常栖居环境的一切微生物。它们是海洋生物中不可替代的一类。

海洋生物都生活在哪儿

海洋浩瀚无垠，海洋生物可以在广阔的大海中尽情遨游。但是，海洋中却并非处处都有海洋生物，生物分布还要受许多环境因素制约。

浮游生物是海洋中个体数量最多的生物。其中，浮游植物必须生活在有光照的水域中，因为它们必须依靠光合作用来制造营养，维持生命，因而浮游植物白天一般多生活在洋面区上层的光亮带，即100米以内的浅水层中，夜间可下沉至200米以内的稍深水层中。浮游动物大多以浮游植物为食，由于其摄食活动大多是在夜间进行，因而夜间它们大多活动在200米以内、有浮游植物分布的水层中，白天则下沉至200米以下的弱光区生活。

鱼类大多以浮游动物或者小型鱼虾等为食物，因而其分布水域大多在距海岸几百千米、水深200米以内的大陆架及其附近。大陆架水域分布的鱼类数量大约可占鱼类总数的2/3以上，只有一部分大洋性洄游鱼类，如金枪鱼、旗鱼、鲣鱼等，可分布至广阔的大洋水域。还有部分鱼类几乎长年都生活在海底，成为底栖性鱼类，如比目鱼。此外，还有少数鱼种平时都生活在海洋中，但繁殖季节则需要溯游至江河内产卵繁殖，如鲑鳟鱼类。在更深的海

海洋生物的分布大多在 200 米水深以内

底水域，虽然也曾发现过鱼类，例如，深海潜艇曾在数千米的深海海底发现过形状怪异的鱼，1978 年在南极罗斯冰架下 597 米的冷水团中发现过鱼，但大洋深处究竟有多少鱼类，至今仍然还是个未知数。

贝类中绝大多数都生活在海底，这也是由其生活习性所决定的。贝类需要滤食浮游性微藻类或者捕食其他贝类生活，其生存水域中必须有足够的食物，因而它们大多也只能分布在水深 100 ~ 200 米以内的海域。虾蟹类大致上也是如此。至于深海中有多少生物，至今仍不是十分清楚。因为直至目前为止，全球海洋中大约只有 5%左右的水体被人类基本上探明，而占全球海洋 80%以上的深海区，除了少数探险家偶尔光顾之外，基本上还属于未知的空白区，人类对深海的了解仅知之皮毛。

深海中一片漆黑，水温一般只有 2℃左右，而压力却高达 30 ~ 110 兆帕，是正常大气压 (0.1 兆帕) 的几百倍乃至上千倍，深海

海贝一般生活在海底

扇贝

下层的海水中含氧量仅为表层海水的 1/10 左右，如此恶劣的环境条件普通海洋生物是根本无法存活的。

形状奇异的深海鱼

据计算，海水深度每增加 10 米，产生的压力就相当于一个大气压 (0.1 兆帕)。在水深超过 30 米的海底，未经特殊训练的潜水员就很难承受海水的巨大压力；在水深 1000 米的深处，海水的压力可达 100 个大气压，如此大的压力足以使木材的体积被压缩至一半，变得像金属一样不能漂浮而只能下沉；在水深 1 万米以下的深海中，压力超过 1000 个大气压，曾在该深度考察过的用特殊钢制造的直径 218 厘米、壁厚 8.7 厘米的深潜器，大小被压缩了 2 毫米，同时深潜器的外部涂层也在巨大的压力下全部被剥落。

根据深海探险家描述，为适应

深海动物

深海这种特殊环境，深海生物的体色多呈红色、黑色或者无色，有些种类还能发出磷光；深海鱼的眼很小或者全盲，嘴大，颚宽阔，胃容量很大，以便能获取并容纳更多的食物；由于深海中食物稀少，深海生物的体型一般都不太大，新陈代谢迟缓，生长也极其缓慢；可能因深海中生物密度较小、同类难求的缘故，许多深海生物的配偶常常是终身的，有的种类雄性个体还以寄生的方式终生依附于雌性个体身上，成为永不分离的终身伴侣。

深海生物由于长期生活在低温、高压、少氧的环境中，采集上来后会很快死亡并腐败解体，因而能保留下来的标本就极为罕见。1996年，一艘科学考察潜艇在马里亚纳海沟查林杰海渊中第一次于1.1万多米深的海底收集到微生物样品，该样品经在实验室培养后，鉴别出多种原始细菌类和真菌类，其中还包括一些抗寒菌类及其孢子。这些菌类能承受比海面高1000多倍的压力和2℃左右的低温，并且在这种苛刻的环境条件下仍能正常地生活与繁衍。

海洋里到底有多少种生物

海洋里到底有多少种生物？大概没有人能说出具体数字。全世界的科学家们正在进行一项空前的合作计划，为所有的海洋生物进行鉴定和编写名录。目前已经登录的海洋鱼类大约有15 304种，最终预计海洋鱼类大约有2万种。而目前已知的海洋生物有21万种，预计实际的数量则在这个数字的10倍以上，即210万种。

这项计划叫作海洋生物普查，科学家们预计要花上10年时间，共有来自53个国家的300多位科学家参与到这个空前的合作计划中来，

海洋微生物

海底美丽的鱼

让全世界的海洋科学家在一起合作。从21世纪开始，平均每星期就有3个新的海洋物种被发现。根据这个研究计划，大约还有5000种海洋鱼类以及成千上万种其他海洋生物还没被发现。

这个普查计划希望能够评估各种海洋生物的多样性、地理分布和数量，并且解释上述情况如何随着时间而改变。这个计划有什么现实意义呢？海洋生物的普查可以找出目前已经濒危的生物以及重要的繁殖区域，可以帮助渔业管理机构发展出有效的连续经营策略。而随着成千上万的新种海洋生物被发现，科学家将开发出新的海洋药物和工业化合物。

海洋生物普查科学委员会主席、美国路特葛斯大学的弗雷德里克·格拉塞尔说：“这是21世纪第一场伟大的发现之旅的开始。更重要的是，这是全球性的努力，去测量海洋的各种生物，也让我们知道我们应该做些什么去防止海洋生物继续消失。”海洋至今仍然是未被探勘的领域，我们对于海洋里所知的生物非常有限。海洋生物普查首席科学家说：“海洋生物的多样性不只是海洋状况的重要指针，同时也是保护海洋环境的关键。”

错综复杂的海洋食物链

地球上的每个物种都是生态系统中的重要一员，在生态系统中，通过生物之间的吃与被吃，能量就从一个有机体传递到另一个有机体所形成的通道,我们称之为食物链，如陆地的牛、羊、兔子吃青草，老虎等猛兽又吃牛、羊和兔子。在海洋里，有句俗话说得好："大鱼吃小鱼、小鱼吃虾米、虾米吃稀泥"，这种关系使有机物质和能量从一种海洋生物传递到另一种海洋生物身上去，它们像一条链索把海洋中各种各样的生物紧密地联系在一起。物种之间相互依存、相互牵制，一旦食物链中的某一个环节出现问题，整个生态系统的平衡都将受到很大影响。

在多数的陆地食物链中，比如森林中或草原上，一般是植物摄取太阳的能量制造有机质，草食性动物以植物为食，肉食性动物以草食性动物为食。但是，在海洋里的食物链却有所不同，海洋里的食物链根据不同的生境条件以及营养源性

波光粼粼的海面

大乌贼存在于食物链的顶端

质可分为两种食物链：

1. 牧食食物链

这种食物链是与陆地食物链相似的以活植物体为营养起点的食物链，我们称之为牧食食物链。在牧食食物链中最低等的生物是浮游在海水表面的个体很小的单细胞藻类、细菌和微生物等，它们的个体很小，在水中，其中绝大多数我们肉眼无法看见，但它们是许多海洋生物赖以生存的初始食粮。数量相当可观，每年为海洋生态系统提供 1000 多亿吨有机碳，我们称为初级生物生产量。由于这些单细胞藻类是依靠太阳光进行光合作用的，所以海洋初级生产量是太阳光照强度变化的函数。光照强的热带和温带海域，初级生物生产量便高；在两极海域，由于太阳光照强度弱，所以初级生物生产量便也低些。除光照因素外，氮和磷的含量也是影响海洋初级生产的一个重要因素，因为氮和磷等是初级生物——植物的营养盐，往往是营养盐越丰富的海域，其初级生物的种群数量就越多。海洋中浮游植物和底栖植物是最主要的初级生产者，它们为草食性的鱼类、虾类、蛤类和一些甲壳类等海洋动物提供丰富的食物。这些草食性的海洋动物又为肉食性的海洋动物提供食物，如海蟹、海星、对虾等。这些生物又为大型鱼类和大型无脊椎动物提供食物。这些大型鱼类和大型无脊

凶猛的鲨鱼

椎动物又为凶猛的鱼类和海洋哺乳动物，如鲸类、鲨鱼等提供食物。这些自身不再被其他生物所摄食的生物为终极生产力。终极生产力者处于食物链的顶端，介于海洋初级生产力与终极生产力之间的各层次的生物为次级生产力。

你知道吗

凶猛的鲨鱼

鲨鱼是一群板鳃类鱼的通称，这是一类古老的鱼种，在侏罗纪时已经形成现代类型的鲨鱼，它处于海洋食物链的最高级。鲨鱼身体无鳞，鳃裂有5至7个，分布在世界各地温带和热带的海洋，一般鲨鱼在20℃以下的水温中就不太有活力，鲨鱼都是通过过体内受精繁殖，有胎生、卵胎生或卵生。

由于生物所处的海洋环境不同，牧食食物链又可分为三种基本类型：大洋食物链、沿岸（大陆架）食物链和上升流区食物链。其中大洋食物链是从个体大小为2 ~ 20微米的微型浮游植物开始的，即微型浮游植物（如鞭毛藻）被小型浮游动物（如原生动物）所捕食，小型浮游动物（如桡足类）为大型浮游动物（糠虾）提供食物，大型浮

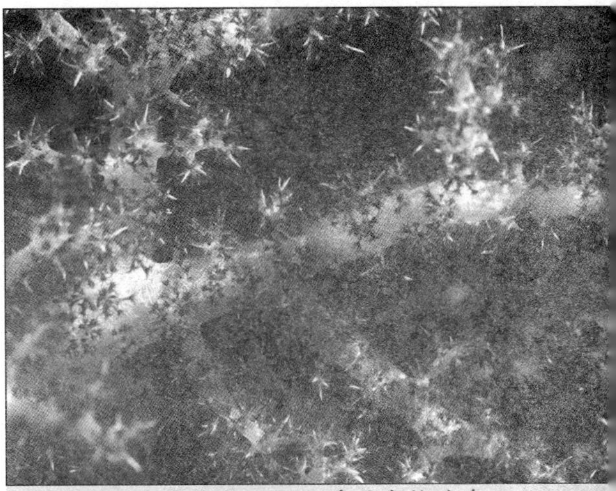

珊瑚虫以细小浮游生物为食

游动物再为巨型浮游动物（磷虾）提供食物，巨型浮游动物被食浮游动物的鱼类所吃，鱼类又被食鱼的鱼类（如金枪鱼）所吃，形成了一条很长的食物链。大洋食物链的特点是长，一般有6个营养级，但终极生产量不高。沿岸（大陆架）食物链多以个体大小为20 ~ 200微米的小型浮游植物（如硅藻等）为营养起点，经过大型浮游动物或底栖植食者，在到食浮游动物或底栖肉食者，而到终极的食鱼的鱼类，一般有4个营养级，这种食物链的终极生产量比较高。而上升流区食物链往往食物链级很短，平均只有3个营养级，但终极生产量却很高。这是为什么呢？这是因为初级生产贮存的能量沿着食物链营养级传递时，每经过一个营养级就有大量的

能量以废能的形式消耗掉，生态转化效率大约只有10%～20%，也就是说，每100千克的浮游植物被摄食后转化为浮游动物只能有10～20千克，其他90～80千克都在转化过程中被消耗掉了，浮游动物以及一些小鱼小虾也与浮游植物一样。因此食物链越长，能量在传递过程中损失就越多，终极生产量就越少。也正因为能量在流动过程中损失非常快，所以尽管海洋里的初级生产每年要生产1000多亿有机碳，要比陆地每年生产的160多亿有机碳高出许多，但是，来自海洋的食物还是很少，目前。我们人类从海洋里获取的食物还不足1%，而99%来自陆地，可是尽管利用这么少，海洋渔业资源也很快衰退枯竭了。

2. 碎屑食物链

与陆地不同的是，在海洋的河口湾一带海域里，还存在一条以碎屑或死的有机体为营养起点，从残骸分解者即真菌、细菌和某些土壤动物开始的碎屑食物链。在这个以生物残骸为基础的食物链中，几乎没有草食动物以植物为食。当植物死亡，它们的叶、茎和其他部分沉入水底，变成异养细菌和真菌的大

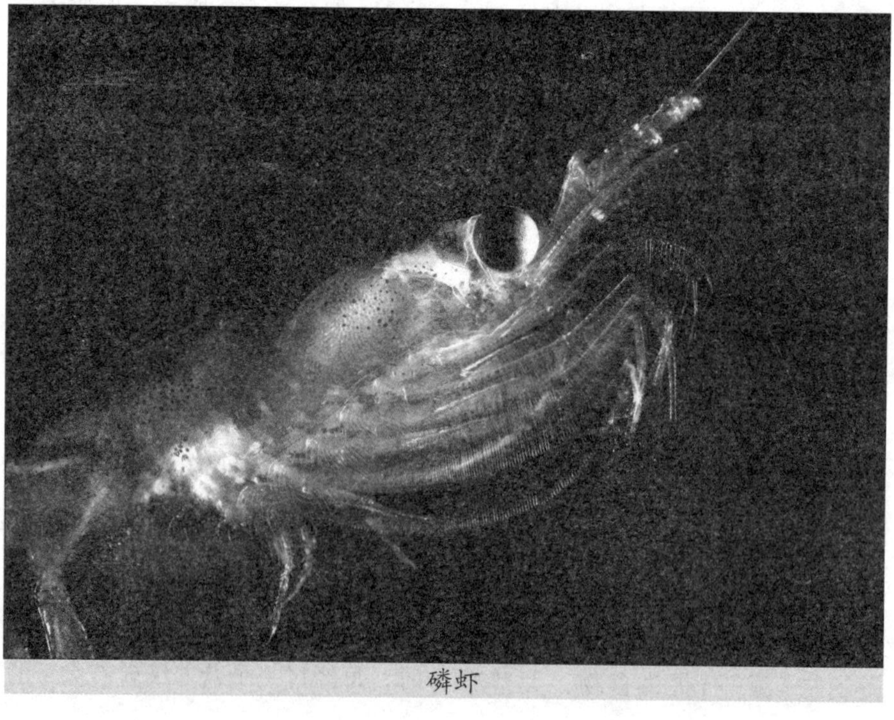

磷虾

深海中的海洋生物链起点并非可光合作用的微生物

本营。这些生物以植物的枯枝败叶为食，并将它们转化成自身的能量。不仅如此，这些生物还将植物体内的化合物分解成简单物质，并将它们释放到生态环境中。当小动物和其他种类的微生物以这些植物碎屑为食时，碎屑上的生物也被一并吞食进去。就这样，植物的能量从分解者开始转移到了动物那里。

在陆地上，碎屑食物链的作用不明显，但是，在海洋生态系统中，碎屑食物链的作用却相当大，为什么呢？这是因为原生动物、真菌、细菌等在陆地上几乎可说是无法利用，无法进入食物链中进行物质循环的，而在海洋中却能成为很多小型动物的饵料。

不过，在过去的很长一段时间里，碎屑食物链的作用也是不太被重视的，因为起先大家都认为碎屑的营养价值并不高，同时推测也不太容易被同化，但是，后来经过很多研究发现，很多碎屑是由无生命的有机颗粒物和有生命的生物组成的复合体，在其身上不仅活动有大量的微生物，同时还生长着丰富的微小动植物，这些东西的营养价值也很高，碎屑里的蛋白质、氨基酸、脂类和碳水化合物都很丰富。譬如说，1970 年，研究人员对泰莱草的碎屑进行研究得知：1 克（干重）碎屑中有 30 亿个细菌，2000 万个底

河口庞大的碎屑食物网

栖硅藻，5000万个鞭毛虫，5万个纤毛虫和变形虫。而从营养角度看，有机物含量占5%～15%，其中蛋白质和脂类物质占3%～5%，微生物生物量达0.2%～2%。

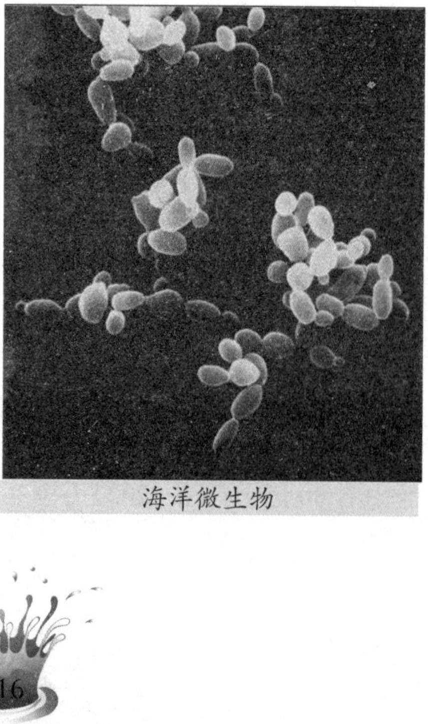
海洋微生物

另外，碎屑食物链在海洋生态系统中很重要，这是因为海洋里的碎屑数量可能要比陆地上大的缘故。特别是河口、港湾中的数量是非常可观的，有人估计，在河口、港湾一带，大约有50%的总初级生产是通过碎屑形式结合到食物链里去的，所以其作用并不亚于牧食食物链。譬如说，在我们中纬度海区，在夏季初级生产衰退时，异养生物的营养，一部分就是依靠春季水华期形成的碎屑来维持的。

其实，食物链还不能真正反映海洋里真实的营养结构，因为海洋食物关系是非常复杂的，生态系统中的一个动物种群通常不是固定消费其低一个营养级的物种种群。如被确定为第五营养级的物种只是部分或主要依靠第四营养级的动物生存，也同时摄食第三、第二营养级的动物，而且其幼体和成体的食物也往往处于不同的营养级。因此，实际上海洋里有机物质传递的路径，从低级到高级，从被食生物转化到摄食生物的食物关系是由食物链与食物链交织在一起，犹如网状结构的复杂关系，我们称它为食物网。

海洋生物的巨大价值

海洋生物与人类的关系密切，对人类的生产和生活具有巨大的价值，主要体现在以下三个方面：

1. 科学研究

比如仿生学，早在远古时代，人们就已开始模仿生物了。舟船、舵和桨，就是古人依照鱼的形状以及鱼尾和鱼鳍发明出来的。依据海豚的体形、皮肤结构等特点，设计出的潜艇、鱼雷和小型船只的水下部分，可减少阻力 20% ~ 50%。

2. 食用价值

“海洋生物多样，注定成为人们猎食的场所。自古以来，人们就喜食海产品，而到今天，海洋食品在我们的活中越来越多，鱼、虾、蟹、贝、藻类（海带、紫菜）海洋食品在我们的餐桌上随处可见。而近些年

海豚

海洋食物在餐桌是很受欢迎

来，随着人们对保健食品的喜爱，海洋食品就又以其独特的生物活性成分越来越受到关注。而且由于海洋食品加工方式的不断进步，海洋食品进入我们饮食的方式也就更加多样，我们在无形中接触到了海洋产品，而自己却不知道。相信海洋食品的明天将更加灿烂。

3. 药用材料

海洋生物是生物活性物质的宝库。20 世纪 60 年代以来，科学家已从海洋生物中分离得到 6000 余种结构明确的化合物，且其中有近 3000 种具有一定的生理活性。这些具有活性的独特化合物的结构，给药物学家提供了难得的药物设计分子模型，启迪着他们的药物设计思维。

当然海洋生物的价值远不止这些，作为能源物质、新材料和作为农作物所用的化肥或用以观赏等许多功能，我们在这里不再一一表述，而且随着科学技术的进步，许多尚未发现的功能或许也将造福于人类。

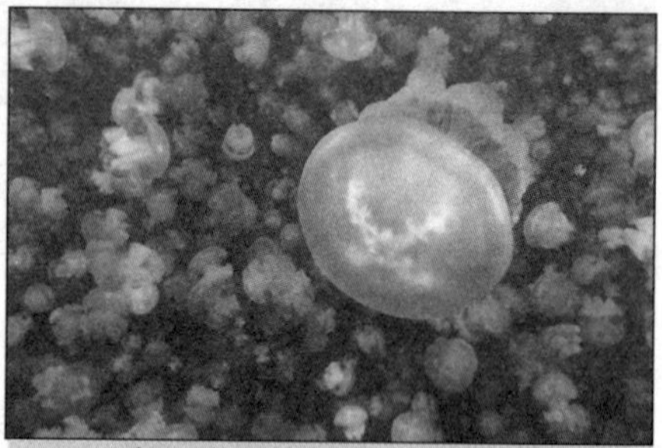
海蜇的药用价值并未完全开发

第二节　千奇百怪的海洋植物

什么是海洋植物

1. 海洋植物

海洋植物是指海洋中利用叶绿素进行光合作用以生产有机物的自养型生物，包括低等的细胞核藻类和高等的种子植物，据统计有1万多种。

海藻是海洋植物的主体，是人类的一大自然财富，目前可用作食品的海洋藻类有100多种。科学家

形似植物不是植物——珊瑚

海藻

们根据海藻的生活习性，把海藻分为浮游藻和底栖藻两大类型。

蓝藻、硅藻、甲藻、金藻和部分单细胞的绿藻，很多是海洋动物如甲壳类、贝类、海参、梭鱼、鲻鱼和鲸类的饵料，对海洋动物的增养殖具有重要的作用。中国沿海常见的蓝藻约200多种，藻体具有胶质，蓝绿色或墨绿色，比较黏滑。红藻约500余种，多数呈红色，暗红色或紫红色，经济价值比较大，资源比较丰富，中国沿海比较常见的约250余种。有些种类已经进行人工养殖，如：红毛菜、紫菜、麒麟菜等，都是人们喜爱的食品；石花菜、琼枝、江篱、角叉菜、凝花菜等是琼胶和卡拉胶等医学和食品工业的原料；表面具有碳酸钙包被、外形像珊瑚似的石枝藻、鹧鸪菜和海人草等都是医药工业的主要原料。褐藻约300余种，中国沿海比较常见、经济价值比较大、资源比较丰富，约有150余种。目前已进行人工养殖的海带、裙带菜、羊栖菜，既是褐藻胶、甘露醇、碘和氯化钙的主要工业原料，又是人民喜爱的食品。这类褐藻主要生长在黄海、渤海和东海沿岸。马尾藻是资源丰富、种类最多、经济价值很大的一类褐藻，主要产于中国南海。

绿色的海藻

你知道吗

浮游藻是天然牧草吗

浮游藻大多数是一些单细胞藻类，它们的个体都很小，身体直径一般只有千分之几毫米，体形各异，人们只有在显微镜下才能观察到它们。海洋中的浮游植物除了硅藻之外，还有蓝藻、甲藻、绿藻、金藻等等。它们分布得十分广泛，包括南北极在内的所有海域中都有它们的踪迹。正因为它们的存在，才给海洋动物提供了丰富的食品，使得鱼虾肥壮，浩瀚的海洋也变得繁荣昌盛起来。据科学家测算，100千克藻类进入食物链后，大约能产出1千克的海鲜肉。这些浮游植物的总重量，要比海洋鱼类的总重量多万倍以上，它们主要是靠阳光和海水里的营养盐类生长的。

海洋种子植物种类比较少，主要生长在低潮带石沼中或潮下带岩石上，常见的有大叶藻，红须根虾形藻和盐沼菜，都是重要的经济种类，主要用于造纸和建材工业。

2. 海洋植物与陆生植物的区别

我们对海洋植物与陆生植物的第一感觉是它们之间有很大的差异，殊不知这两类生物群体也有许多共同点。它们都吸收并利用太阳能，然后将一些简单的物质材料合成自己的食物。这些材料包括二氧化碳、水和矿物质。陆生植物和海洋植物的区别就在于它们对周围环境独特的适应性。

陆生植物从空气和土壤中获得营养。根的使命是从土壤中吸收水和矿物质，同时将植株固定在地面上。它们所需要的物质通过一种称为维管组织的管道结构运输到叶片细胞中。叶片从大气中吸收光合作用所需的二氧化碳。另外一种维管组织又将叶片中的光合作用产物运送到植株的其他部位。陆生植物为自己配备了木质茎和枝条，可以帮

海洋中的植物

陆生植物的根茎对海洋植物来说是不需要的

助它们保持直立状态，使植株能获得充足的光能。

海洋植物通常包括海藻和海草，只能从海水中获得营养物、水和溶解态气体。由于整个水生植株都被包围在水中，那些溶解质可以轻易地扩散到每个细胞中去。所以，海洋植物不需要用维管组织来协助光合作用或者为各细胞运输养分。除此以外，海洋植物也没必要消耗能量来支持其结构，因为它们可以靠水的浮力来支持植株体。海水总是运动着的，因此海洋植物的躯体都很柔软，可以“随波逐流”。有些海洋植物会分泌黏液保持它们表面的光滑，更能减少它们在水中运动的阻力。黏液还可以保护自身，避免被其他海洋动物吃掉。

海草

陆生植物的结构可以用根、茎、叶等术语来描述。海洋植物则由与之完全不同的部分构成，海洋植物——海藻中能看到的部分被称为叶状体。有些种类还具有充满气体的小囊或叫气泡的结构，来帮助植物体漂浮起来，以捕捉到阳光，气囊中的气体通常是氮气、氩气和氧气。海藻的茎状结构叫柄。最下面的根状块状体被称为固着器，它像锚一样把植株牢牢固定住，但它并不像一般的根那样吸收营养物质。叶状体、柄和固着器共同构成了海藻的躯体，或称为植株体。植株体通常有很多种形状，有高而多枝的也有矮而平滑无分枝的。

海洋植物的组成

海洋植物的组成中，藻类是主要成分，具有根、茎、叶高度分化的高等植物是不可能像在陆地上那样遍布在海洋中生活，因为受到诸如海洋的深度，流、浪、潮等的冲击，海水盐度等环境条件件的限制，真正能在大海中生活的高等植物的物种数量屈指可数，并且被局限在河口、海湾、潮间带、浅海或滨海湿地等有限的海域内。如分布相对较广的大米草，大叶草和只能在暖温带、热带海域潮间带、浅海、河口生长的红树，木榄，秋茄以及伴随红树

管状的海洋植物

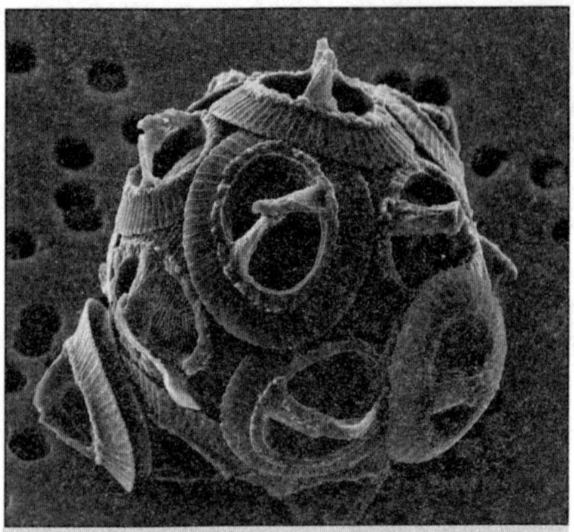
藻类

林生长的喜盐草等。

“藻类”是一群最简单、最古老的低等植物,但包含的物种繁多,分布的地域极广，从热带到两极，凡潮湿的地区，都可找到它们的足迹。生活在海洋中的藻类，正因为藻体结构简单，即便是长度可达60米左右的巨藻,藻体仍然是柔软的，可以抵御海流、浪、潮的冲击，随水流而摆动；藻体表层细胞都具有光合色素，都有光合作用产生有机物的能力；表层细胞都有从水体中吸取生原物质的能力，并能从自然海水中得到满足；海藻的生命周期短，但能以简单的繁殖方式生产出大量“孢子”来繁衍后代，以保持种群的沿袭；不同门的海藻具有不同的色素组成，生存在不同光强、光质的水层中。海藻以其简单的个体结构，繁衍后代的方式、能力及

海藻与鱼

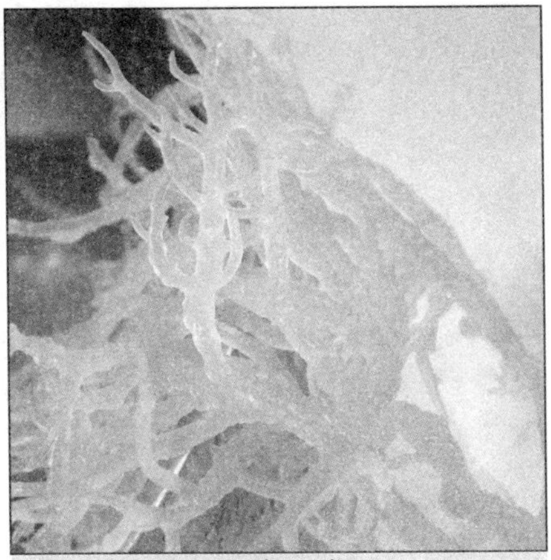
海藻干货

其对海洋环境特有的适应，成为海洋植物的主要类群。

你知道吗

藻类世界有多精彩

海藻类是海洋中的低等海洋植物，有的在世界各大洋中随波逐流，有的固着生长，有的形如马尾，有的飘如彩带。微藻只有用显微镜才能看到；大型藻类可长达近百米，重几百千克。它们中有长期在海水中飘浮、四海为家的单细胞藻类——“浮游藻”；也有用假根附着在海底岩石上、伸展着细长而柔软身躯的多细胞藻类——“底栖藻”；还有那些洋洋大观的巨藻、海草等，构成了一个五彩缤纷的海洋植物园。

海洋植物的繁殖

自然界的生物都有一个“传宗接代”的问题，但传宗接代的方式是各不相同的。海洋植物的生殖方式大体上可分为营养繁殖、无性繁殖和有性繁殖三种。

1. 营养繁殖

当单细胞的海洋植物长到一定大小时，就会进行细胞分裂，由一个细胞分成两个。这两个细胞逐渐长大，成为新的藻体，这种生殖方式我们称它为营养繁殖。有的多细胞藻类也能进行营养繁殖，一般是藻体生长到一定时期可以断裂成若干部分，每个部分各自可以生长成新的藻体。例如，当石莼生长在河口的水中时，从原藻体上断裂下来的碎片,可以继续生长成新的藻体。还有的如紫菜和石莼，当把它们的藻体磨碎后，将分离出来的营养细胞进行培养时,也能长出小的藻体。这些也称为营养繁殖。

2. 无性繁殖

海藻在进化过程中，繁殖新个体的能力渐渐地集中在体的某一部分，于是就形成了无性繁殖器官——孢子囊，在孢子囊中产生了许多孢子。孢子是一种无性的生殖细胞，它成熟后，从孢子囊中放散出来，不必经过受精作用，在水中就能够直接发育成新的藻体。这种生殖方式叫无性生殖，也叫孢子生殖。

海藻的孢子分为两种，有的孢子生有两根或四根鞭毛，有的可生许多纤毛，这些孢子都能够在水中游动，所以叫游孢子。在水中不能游动的称为不动孢子。游孢子和不动孢子都能直接萌发成新的藻体。

纤细的海藻

3. 有性繁殖

植物界最先出现的细胞分裂是一种无性的繁殖形式，后来在进化过程中，又出现了有性繁殖。有性繁殖对植物进化起了重大作用。

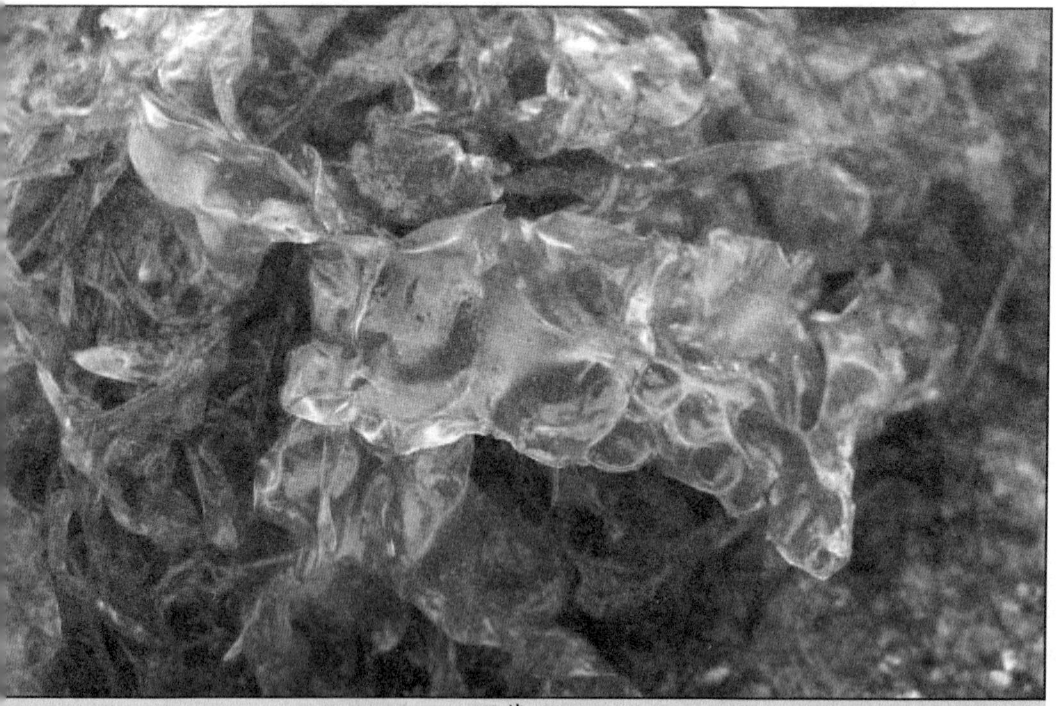
石莼

已经成型的海藻

有性繁殖是植物有机体在繁殖过程中，有性行为发生。所谓性行为，就是指两个细胞（配子）结合起来，变成一个新的细胞（合子），然后由合子再发育成为新的个体。

海洋植物的有性繁殖可分为同配、似配和卵配三种。“配”指的是配子，配子是一种有性生殖细胞。配子有雄、雌之分，它们的形状与游孢子相似。由大小、形状相同的配子相结合的称为同配。由两个大小不等，形状相同、能活动的配子相结合的称为似配。两性的配子有明显的区别。雄配子的体形较小，生有鞭毛，能够在水中游动，通称为精子。雌配子的体形较大，体内贮藏有丰富的营养物质，通称为卵子。精子与卵子相结合而成为受精卵，受精卵萌发为新的植物体，这种方式通称为卵配。

有的藻体同时具有有性繁殖和无性繁殖的方式，这两种方式常常

爬上海岸的浒苔

是相互交替的。孢子体(无性)和配子体(有性)交替形成的现象在海藻中是普遍存在的，这种现象叫世代交替。海藻有性生殖的出现，使海藻的生活史更加复杂起来，丰富了新生植物对环境的适应性，并为新生植物的生存创造了有利条件。

海藻的繁殖因种类不同而各有特点，现分别将绿藻中的浒苔、褐藻中的海带、红藻中的紫菜的繁殖过程介绍如下：

浒苔在繁殖过程中，无性繁殖和有性繁殖都有。浒苔的无性繁殖是：藻体(孢子体)成熟后，其中的一部分形成孢子囊，孢子囊中的细胞进行分裂，形成游孢子。游孢子似梨形，顶生四根鞭毛。游孢子成熟后，藻体表面上形成小突起，然后孢子放出。游孢子游动几个小时后，遇到岩石、沙砾等就附着在上面，先失去鞭毛，再形成球形，分泌出细胞壁，几天后萌发成新的藻体即配子体，配子体逐渐长大，外形与孢子体相同，到成熟时，由藻体边缘细胞先分裂产生配子囊，由配子囊中产生雌雄配子。配子呈卵形，顶端有两根鞭毛，成熟后，配子从配子囊膜孔中逸出，雌雄配子相互结合，鞭毛就消失，成为球形。

浒苔爆发生长

浒苔生活史中有孢子体世代与配子体世代。孢子体与配子体在外形上不易区别，所以称为等世代交替。

海带在繁殖过程中，无性繁殖和有性繁殖都有。我们见到的海带其实是海带的孢子体，在海带孢子体生长成熟后，叶片表面产生大块突起，通常叫孢子囊群，它是由无数个孢子囊生在一起而得名的。孢子囊，也叫子囊斑。在自然条件下，孢子囊群一般在秋季出现，当水温降至 21 ~ 22℃左右时，孢子囊群就开始发生。此外，春季也能形成孢子囊群。一般在 4、5 月内发生。用夏苗筏培养的海带 6 月份也能在全叶片上产生孢子囊群。各个地区海带孢子囊群出现的日期不同，说明孢子囊群的形成和温度、光线等环境条件有关。一般认为 15 ~ 20℃时是形成孢子囊群的适宜温度。

美味的海带菜

你知道吗

麒麟菜是怎样繁衍的

麒麟菜是多年生的一种海藻，具有孢子体、配子体及果孢子体3个世代进行循环生长的过程。它的孢子体及配子体在外形上没有多少区别，雄配子体在外表上和孢子体也没有区别，成熟时在小枝的顶端形成精子囊群，雌配子体成熟时藻体的枝端皮层细胞发生变化，由皮层细胞内侧生出果胞和辅助细胞。雄配子体成熟后，漂流到雌配子体的果胞内和卵核结合，经一系列的变化，形成果孢子体，突出在雌配子体表面，形成囊果。囊果上有一小孔，称为囊果孔。成熟的果孢子便由囊果孔发散出来，萌发成新的藻体——孢子体。麒麟菜就是这样世世代代在海洋中繁衍生息，繁荣昌盛，使得浩瀚的海洋更加生机盎然。

孢子囊最初出现在叶片背光面，后来成片状突出于叶的表面。孢子囊是由部分表皮细胞发育而成的，一个孢子囊由一个表皮细胞发育而成。孢子囊与孢子囊之间有隔丝，孢子囊与隔丝都直立在表皮细

海带是最常见的海藻食品

麻辣海带

胞上，每个细胞都含有色素粒，所以孢子尚未脱离母体时，孢子囊呈褐色。隔丝呈棒状，比孢子囊长。隔丝顶端细胞膜特别厚，称为粘质帽，每个孢子囊里有 32 ~ 64 个游孢子（离开孢子囊能在水中游动）。游孢子为单个细胞，梨形，肉眼看不到。游孢子离开孢子囊后靠两根不等长的鞭毛游动于海中，游动一段时间（一般在 2 小时左右，温度低时游泳时间延长）后，便附着在物体上，不久失去鞭毛，变成圆球状，以后渐渐发育成雌雄配子体。雄配子体一般由数个细胞组成。通常一个雌配子体只产生一个卵囊，卵囊内产生一个卵，卵成熟后，附着于空卵囊的顶端。成熟的雄配子体一般呈放射形的数个分枝。每个分枝由一个到数个细胞组成，尖端变成精子囊，由精子囊产生一个几乎无色的精子。精卵结合而成为合子。合子经过细胞分裂而成小海带。小海带从秋后在海里长到第二年的 6 ~ 7 月份，长成大海带。当海带长大成熟后，又再放散出孢子产生后代。老一代海带叶片放散孢子后就开始腐烂，只留下叶柄上部的生长部。生长部是进行细胞分裂的部分。它在适宜的条件下，还能继续生长，到第二年夏天又产生孢子，以后就腐烂死亡。

近年来，山东海洋学院已成功

地培育出海带单倍体，就是说，不需要雌雄配子体结合，只单独培养雌配子体或雄配子体就可以长成大海带。海带单倍体培育的成功，对海藻遗传育种提供了新的途径。具有重大的意义。

紫菜的繁殖方法是：每年的2、3月后，藻体边缘的营养细胞便变成雌雄不同的生殖细胞(有的雌雄同体，有的雌雄异体)，雌细胞区域呈赭色，雄细胞区域呈白色。雌细胞也叫果孢，果孢成熟后，与叶面成直角，果孢两端突起，叫原始受精丝。雄细胞内的精子脱离母体后，成圆球状，无色素，无鞭毛，不能运动，只能靠水的运动而将精子带到雌性细胞上，通过受精丝而受精。雌性细胞受精后，经过细胞分裂而产生果孢子。果孢子呈球形，在水中脱落后，随水漂流，若遇到牡蛎壳及其他含有石灰质的附着物时即附着在上面，并钻到贝壳里生长，逐渐蔓延到贝壳的全部。在显微镜下观察时，它们不呈叶状，而是呈细的丝状分枝，称为丝状体或壳斑藻。壳斑藻经过夏天的高温，到秋季海水温度下降到20℃以下时，壳斑藻又可产生一种孢子，叫壳孢子，壳孢子呈圆球状，成熟后，从贝壳中放出来，附着在一定的物体上生长成紫菜。紫菜在一定的条件下，还可以产生单孢子，同时又在不断地死亡。紫菜的种类很多，因环境不同，繁殖期和生长期也各有不同。

紫菜包饭

第五章
藻类植物面面观

海藻作为一种重要的海洋植物，无论从自身特点还是从对海洋生态平衡的维护甚至对整个人类的贡献来说，都有着其不可小觑的独特地位。当我们惊讶于它的神奇时，更能从中体会到关于藻类植物的无尽趣味。

第一节　认识海洋中的藻类植物

初识海洋藻类植物

藻类是一类含有叶绿素，能进行光合作用，营自养生活，以简单的孢子或合子进行繁殖，没有真正的根、茎、叶分化的无维管植物。它广泛分布于具光线的水域或潮湿的地区，绝大部分种类生活在占地球 71% 的海洋中，成为海洋藻类植物。通常人们将个体微小的单细胞海洋藻类称为海洋微藻，而把

海藻形体

泛滥的海藻

个体较大的多细胞海洋藻类称为大型海藻。

1. 形态构造

（1）形态。藻类细胞的形态有球形、椭圆形、圆盘形、卵圆形、多角形、三角形、圆桶形、纤维形、棒形和弓形等等。

（2）细胞壁。除裸藻、隐藻、少数甲藻、金藻的生殖细胞原生质裸露，无细胞壁外，其余各类藻类原生质体外均有细胞壁。细胞壁的化学成分和结构，各门类间不尽相同。例如，绿藻门的细胞壁主要成分为纤维素和果胶质；硅藻细胞壁主要成分为氧化硅，并由上下两个半片套合而成；大型的藻类，如红藻、褐藻细胞壁的主要成分是纤维素和藻胶。

藻类细胞在长期演化过程中，分化形成各种细胞器，执行着各种不同的机能，又共同完成整个生命过程。

（3）细胞核。除蓝藻门无细胞核外，其余各门藻类的细胞大多具有 1 个细胞核，少数种类具有多个细胞核。细胞核具核膜，内含核仁和染色质，这种细胞核叫真核。具

海藻中含有丰富的蛋白

有真核的藻类属于真核生物。

（4）色素、色素体。藻类细胞含有的色素，按其成分可归纳为叶绿素、胡萝卜素、叶黄素和藻胆素四大类。各门藻类所含色素的成分和比例不同，但所有藻类都具有叶绿素 a。除蓝藻、原绿藻外，色素均位于色素体内。色素体是藻类光合作用的场所。由于各门藻类的色素成分和比例不同，因而其色素体呈现不同的颜色。色素体形态多种，有杯状、盘状、星状、螺旋状、片状和板状等。色素体位于细胞的中心，或位于细胞周边，靠近细胞壁；前者为轴生，后者为周生。

（5）蛋白核。蛋白核通常由蛋白质核心和淀粉鞘组成。蛋白核通常与淀粉形成有关，故又叫造粉核。绿藻类色素体上大多具有 1 个或多个蛋白核。

（6）储存物质。各门藻类由于光合作用色素的成分、比例不同，光合作用同化产物也不尽相同。例如，绿藻和轮藻的储存物质为淀粉；裸藻为副淀粉（裸藻淀粉）；硅藻的储存物质为脂肪；金藻为白糖素。

（7）鞭毛、伸缩泡和眼点。鞭毛是藻类的运动胞器。除蓝藻门和红藻门外，其余各门藻类均为营养细胞和生殖细胞，都具鞭毛或仅生殖细胞具鞭毛。具鞭毛的藻类能自由游动。鞭毛的数目、长短和着生位置等，在各门类中是不同的。例如，绿藻门常具有 2 条顶生、等长的鞭毛；甲藻门具 2 条鞭毛，生于细胞前端或腹面。具鞭毛、能运动的藻类，常具有 1 个橘红色、球形或椭圆形的眼点。眼点多位于细胞前端侧面，具有感光作用。

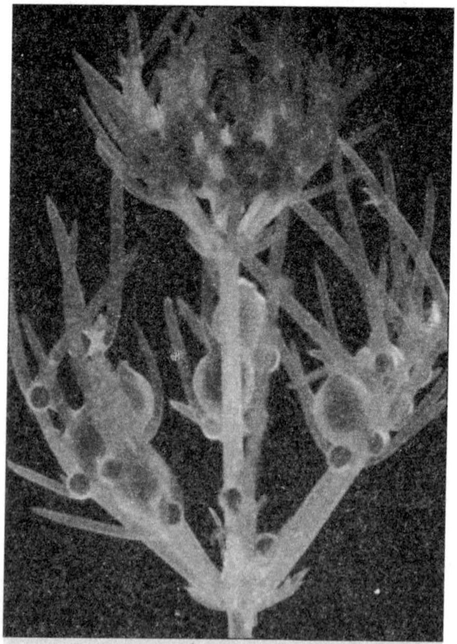
绿色的轮藻

你知道吗

眼点和感光点的关系

原生动物中特别是鞭毛虫类，常见的眼点是红色的小点，呈球状、卵状，杆状等形状，位于虫体前端，含脂色素或血色素。由于有感光性所以称为眼点，可是，眼虫真正的感光部是在鞭毛基部的小点，称为感光点。眼点能阻挡光线到达感光点，所以眼点又有色素盾之称。依靠色素盾和感光点产生方向视眼的机能。腰鞭毛虫，红糠虾含有淀粉或副淀粉性质的晶体。

2. 生活史

生活史是指某种生物在整个发育阶段中，由一个或几个同形或不同形的个体前后相连形成的一个有规律的循环。藻类的生活史有4种类型：

（1）生活史中仅有营养繁殖，没有有性生殖和减数分裂，蓝藻和某些单细胞藻类属于这种类型。

（2）生活史中只有一个单倍体的藻类，行无性生殖或有性生殖，或仅有1种生殖方式。在有性生殖过程中，减数分裂发生在合子形成后和新植物体产生之前，例如衣藻、团藻和丝藻等。

（3）生活史中除了产生单倍体的配子外，其余的均为双倍体的藻类，只行有性生殖，在配子囊中发生减数分裂产生配子，如绿藻门管藻目的一些种类、硅藻门和褐藻门鹿角藻目的种类。

（4）生活史中有世代交替现象，即生活史中有2个或3个植物体（如真红藻纲），单倍体的植物体行有性生殖，合子萌发时不经过减数分裂，产生双倍体的植物体，此植物体行无性繁殖，经减数分裂产生孢子，由孢子长出单倍体的植物体。从孢

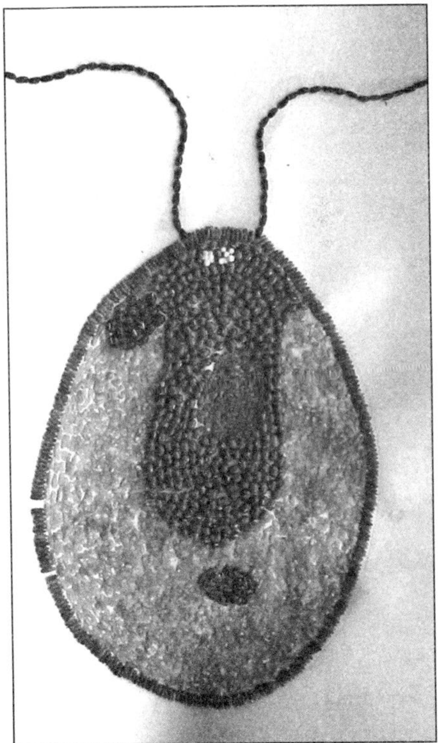

衣藻的结构模型

子开始一直到产生配子，这一段时期都是单倍体，总称有性世代。从合子到孢子体是无性世代的植物体。从合子一直到减数分裂之前这段时期都是双倍体，总称为无性世代。孢子体为无性世代的植物体。

海藻在海洋中的重要性

海藻虽然是海洋植物的主要组成，但也受到海洋自然环境的严格限制，它们生存的空间仅占整个海洋空间的极小部分（水深 200 米以内的水层中），但它们光合作用产生的能量，不仅启动了海洋生态系统；而且海藻自身的生理活动、新陈代谢和与环境之间的物质交换，对其周围环境也能产生重大影响。

据不完全统计，海洋总初级生产力可达 51.0Gt，而全世界海洋底栖植物的平均产量仅为海洋浮游植物的 2% ~ 5%。因此，海洋浮游植物被誉为“海洋牧草”。海藻光合作用所产生的有机物质，通过食物链（网）直接或间接地被不同大小等级的海洋动物所利用，从而保持了海洋生态系统的正常、持续运转。

海藻在全球二氧化碳循环过程中起调节和泵的作用，海藻光合作用吸收海水中的二氧化碳不仅直接影响海水中二氧化碳通量的变化，还能影响到全球的气候。如果海藻吸收二氧化碳的能力下降，海洋动

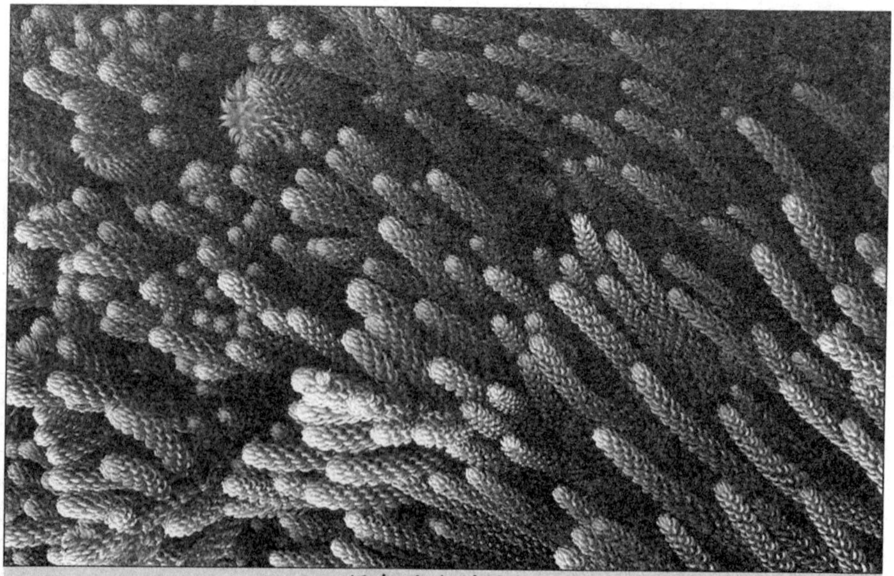

绿色的海洋植物

马尔代夫正面临海平面上涨的直接威胁

物呼吸排出的大量二氧化碳就会使海水中的含量饱和而进入大气，大气中因二氧化碳量的增高而使大气温度升高，大气温度升高从而导致极地融冰，大海水平面升高，潮间带向陆地推进，直接影响全球海洋海岸带的生物多样性，海拔不高的岛屿就有可能被淹没。一些海岛国家，如由1190多个小岛组成的马尔代夫，仅高出海面2米；图瓦卢是由9个环礁组成的国家，岛屿的最高点仅高出海面0.8米。这些岛屿即使不被淹没，生态系统也将被严重破坏。极地融冰会改变海水盐度，导致原有生物群落的改变，而使原有的海洋生态系统失去平衡，从而危及全球气候，给人类带来灾难。当今全球气候有变暖的趋势，海藻在全球二氧化碳循环过程中所起的调节和泵的作用尤其重要。

海藻光合作用不仅对全球二氧化碳循环具有重要作用，光合作用过程中所释放出的氧气对海洋动物、需氧细菌等的生存也是至关重要的。

海藻的生命活动能直接影响海水的性质，如海水透明度和海水的颜色。通过海藻的吸收和同化海水中的溶解有机物质，加速了海水的

清澈的海水

自净能力。

浮游植物突然暴发性繁殖发生赤潮，会给海洋水产养殖业带来严重危害；而浮游植物生产力下降会严重影响渔业资源，同样会给海洋渔业经济带来严重危害。

你知道吗

什么是“赤潮”

“赤潮”是某些藻类（主要是一些单细胞硅藻和甲藻）、原生动物、细菌，在局部海域海水富营养化、光照强度适宜的环境下，发生暴发性繁殖，使水体中这一类生物的个体骤增，或受风、海流等的环境因素的影响而聚集，引起水体变色的一种生态异常现象。赤潮的发生消耗了海水中大量的营养物质，是对海水富营养化的一种自然反应，是海洋生态系统在海水富营养化状态下自我调节、平衡的必然。但是，赤潮发生的同时，赤潮区域内的动物会受到由赤潮带来的赤潮毒素的毒害、滋生有害微生物的侵害、水体内缺氧等的影响，出现短期的灾害性环境，导致大量动物的死亡。赤潮给海洋水产养殖业造成严重的直接经济损失，而超容量的水面养殖却又是引发海水富营养化的原因之一。

爆发生长的海藻甚至占满了沙滩

海藻的生态学特性是与其周围的生活环境相适应的。海洋环境发生突然性的或长期积累而危及海藻生命的变化，会损害海藻的物种多样性进而破坏海藻的群落结构，从而降低或失去了海藻在对海水自净过程、生物地球化学过程中对有机和无机物质的转换、转运的贡献，最后导致生态系统失调。在河口、近海、海湾、近岸海域，由于人类活动而造成污染，在局部区域内，海水质量下降的现象时有发生，已经被全世界临海国家所重视。

海藻和海洋环境

生活在海洋中的藻类都有独自的生物学特性，只能在与之相适应的环境中生活，一旦生活环境剧烈变化，就会导致死亡。它们的生存、分布空间同样受到如海洋物理、化学环境、海底地质，以及海洋生物物种之间斗争等因素的限制。

海水温度是影响海藻生存的最重要的环境因子。因为每一种海藻对温度的适应都有特定的范围，即各有其所能忍受的最高、最低和最适温度及其生长、发育和繁殖阶段所要求的最低和最高温度。因此，它们被局限在不同的海洋温度带(热带、亚热带、温带和极地寒带)内。生活在不同海洋温度带内的海藻物种，具有与各温度带相适应的生态特性，可分为广温性、狭温性或暖水性、温水性、冷水性等生态类群。即使是在同一海域内生长的海藻，由于适温性能不同，随着全年海水水温的季节变化，海藻群落结构内会相应地出现种群交替。

海洋生态一角

水温的变化关系着海藻群落的交替

日光能(光强、光质)是海藻进行光合作用产生有机物的能源。光线进入海水后，光照强度随着水深的增加而呈指数下降，在清澈的海水中，水深25米处，大部分红光被吸收，其次是橙光、黄光和绿光。在清澈的大洋区，光线透射的深度可达200米，但这里仅有在波长495纳米附近的蓝光。在海水透明度低的海域内，海藻能生活的水层更浅。因为海藻与其他植物一样，得不到光能，不能进行光合作用是无法生存的。因此，光照强度决定了同一海区内海藻的垂直分布。由于不同门的海藻具有不同的色素成分，在潮间带定生生活的海藻中，具有与陆生高等植物相似的色素成分的绿藻类，它们主要分布在中潮间带，而红藻和褐藻则主要分布在低潮间带和潮下带；营漂浮生活的海藻中，阴生物种则分布在较深的水层。

海水盐度与海水温度一样，同样出现成带和分层现象。近岸、河

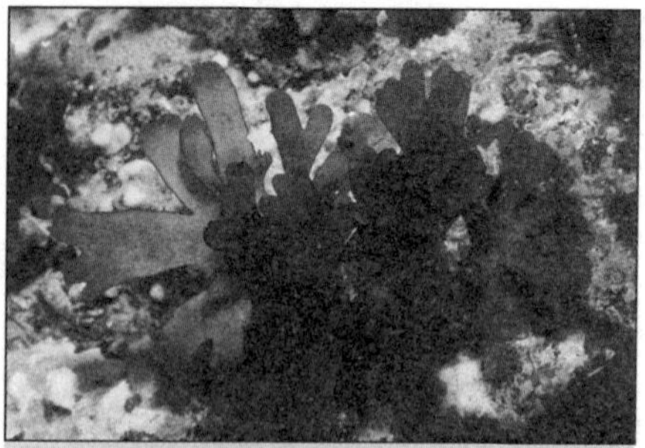
红藻

口海域的海水盐度较低而多变；外海、大洋的海水盐度高且较稳定。不同海藻物种对盐度的适应与适应温度一样，有各自的“生态幅”。生活在近岸、河口水域内的海藻为广盐性种；生活在外海、大洋中的物种为狭盐性种，又称为高盐性种。盐度对海藻的作用在于影响细胞的渗透压，盐度剧烈变化，导致细胞渗透压剧烈变化，可使海藻细胞破裂或“质壁分离”，损坏细胞正常结构，从而影响藻体的新陈代谢，甚至危及生命。因此，在不同盐度海域内只有能与盐度变幅相适应的海藻物种才能正常生活。

海水中溶解盐类是海藻生活所必需的营养物质。氮、磷是常量营养物质，类似陆地植物所需的“肥料”，是保证海藻产量的重要因素。海水中生物盐浓度能直接影响海藻的丰度从而影响到海域的初级生产力。磷的缺乏，比任何其他物质的缺乏更限制海区的生产力。氮、磷之后是铁、钾、钙、硫和镁等。镁是叶绿素的必需成分。海藻生命活动中还需要微量营养物质，微量营养物质和维生素相似，对海藻的生命活动过程起着催化剂作用。海水中上述营养物质的量少或量多都影响海藻生命活动的正常运行，即起到限制作用。

不同的海底底质对定生生活的海藻的分布有明显的限制作用。泥质和沙质海底上只能着生单细胞或微小的藻体；砾石海底上除了可以着生单细胞或微小的藻体外，还能着生较大型的海藻，但由于砾石在潮汐或海流的冲击下，必然互相摩擦和位移，较大型的海藻藻体会受到冲击而损坏，这种海底底质环境不可能着生很多较大型的海藻；只有岩石海底才能着生个体大小不同

大量化肥的使用使得海藻不缺营养

海洋森林

的海藻，成为大型海藻最理想的栖息地。着生大量大型海藻的海域，犹如“海底森林”，能引来众多海洋生物，从而成为海洋初级生产力较高、海洋生物物种多样性较为丰富的海域。

你知道吗

潮汐对潮间带海藻的作用

潮汐对潮间带生活的海藻有显著的限制作用。由于潮间带海水水体的周期性涨落，海底相应地被淹没或暴露在空气之中，环境分带明显（潮上带、高潮带、中潮带、低潮带和潮下带），光照、温度、干燥（失水）等因素变化剧烈，只有对上述环境因素具有极强适应能力的海藻物种才能在此区带内生活，因此，在不同的潮带内生活着不同的海藻种群。

海流对定生生活的海藻的有利影响是能够不断地带来营养物质，能够把海藻的“种子”传播出去；对浮游生活的海藻也有相同的作用，如有上升流的海域初级生产力往往是很高的，因为上升流把海底沉积的营养物质带回水层而被浮游生活的海藻所利用。但是，海流带来的水温、盐度、营养物质、气体和其他物理、化学环境因素对进入海域的海藻的影响是综合效应。不仅影响海藻的丰度，还能影响进入海域海藻的群落结构。

海流对海藻的生长也有较大影响

浮游动物的摄食压力可以达到浮游植物现存量的5%～90%，因而是影响浮游植物种群扩展的重要因素。

第二节　藻类植物的价值

海藻的生态类群与经济意义

海洋藻类在长期的演化过程中，适应不同的生活环境而形成各自的形态、生理和生态特点，从而形成了各种生态类群。按照海洋藻类生活环境的特点及其与环境的相互关系，可将其分为海洋浮游藻类和海洋底栖藻类两种生态类群。

1. 生态类群

（1）海洋浮游藻类。指漂浮

海藻生态群

在海水水层中，营浮游生活的藻类。海洋浮游藻类大多数是一些单细胞藻类，它们个体都很小，身体直径一般只有几至几百微米，通常用肉眼看不见，只有在显微镜下才能分辨其形态、结构。海洋浮游藻类个体虽小，但种类多，数量也很大，包括了海洋藻类的绝大部分。其中，数量最大的是硅藻，其他还有蓝藻、甲藻、绿藻、金藻等的浮游种类。它们是海洋初级生产力的重要组成部分，被称为海洋牧草。不论海洋或内陆水体，不论是自然水体或人工养殖水体，浮游藻类的种类组成、数量变动均可随环境条件和时间而有明显的季节变化，也可受人类的干预而变化。浮游藻类不仅是鱼类和其他动物直接或间接的饵料，也是水体的初级生产者(即具有叶绿素、能进行光合作用、生产有机物的自养型生产者)，同时又是水体中其他生物重要的生物环境因子。它对水体的理化性状、生物生产量和经济动物的产量都有极为重要的影响。浮游藻类在一定环境条件下大量繁殖可使水层呈现一定的颜色，称水华，但如果在海洋中过量繁殖时，就被称为赤潮。随着水体富营养化的不断加剧，世界各国沿海岸赤潮频频发生。据报道，从1972年至1986年，我国有记载的赤潮共发生198次，1986年以后则更加频繁。赤潮给水产养殖业、水体生态平衡以及对人类的食品、饮水卫生及工业用水等都带来影响。赤潮现已成为世界性的、人们普遍关心的问题。为此，人们成立了国际性机构，专门研究、探讨赤潮的成因和防治措施。

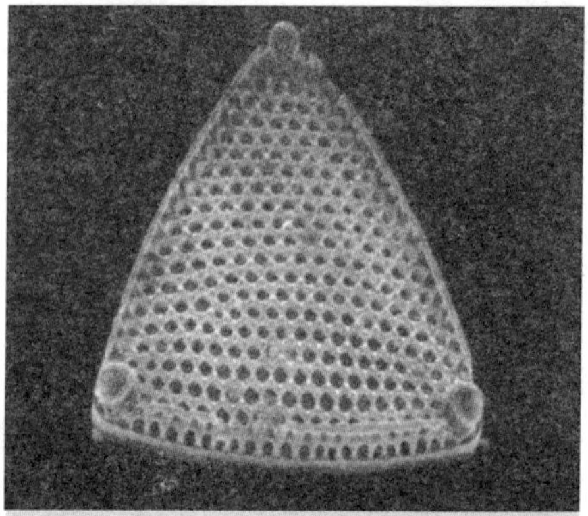
硅藻

（2）海洋底栖藻类。指生活在光线能到达的浅海底的、营固着或附着生活的藻类。它们以水体中的高等植物、建筑物或其他物体以及水体底质为基质，用附着器、基细胞或假根等营附着或固着生活。它们大都是一些用肉眼能看到的多细胞海藻，主要为红藻、褐藻和绿藻门中的大型底栖藻类，其中许多种类是重要的经济海藻。底栖藻类个体小的终生只有几厘米长，如丝藻；最长的可达几百米，如巨藻。其形状有的像条带子，有的像片叶子，

底栖藻

有的如树枝状，还有的像根绳子。它们都没有像高等植物那样有根、茎、叶的区别，不能开花结果。因为它们大都味美可食，营养丰富，所以人们称它们是海中蔬菜。底栖藻类对海洋底栖杂食性或舔食性鱼类和贝类等经济动物具有重要的饵料价值。藻类、细菌和小型动物组成的藻层胶质生活层，对水体有机物的分解、水体净化和判断水质好坏均具有一定的作用。

2. 经济意义

藻类由于种类多，分布广，必然会同人们的生活、生产活动产生密切的关系，在国民经济中起到重要的作用。关于海藻的医用价值，早在《神农本草经》《名医别录》《本草纲目》里就都有记载。传统的食用、药用的藻类有紫菜、海带、江蓠、麒麟菜、石花菜、浒苔和发菜等。海藻除含有许多特殊的保健和营养物质可用于医疗和食品外，

螺旋藻片

还可从中提取很多工业和农业产品。如果说浮游藻类与渔业的关系很密切的话，那么大型海藻既是有些鱼类、贝类、蟹类、棘皮类的饵料，又是它们极好的产卵、避敌场所。藻类死亡后沉积水底，年复一年，在水底形成有机淤泥，是很好的肥源。海藻还是造纸、纤维板以及许多建筑工业的原料。硅藻土疏松多孔，容易吸附液体，是生产炸药时作绿甘油的吸附剂，又是糖果甘油最好的滤过剂，金属、木材的磨光剂等。微藻工业在国内外迅速发展，目前对富含高度不饱和脂肪、天然色素等昂贵物质的海洋微藻进行大规模的培养和开发，正在引起有关海洋科学家的高度兴趣，有的正在试验，有的已形成产业。在墨西哥具有世界最大的生产螺旋藻的工厂，每天可生产1～2吨，每年生产的藻类蛋白质300吨左右。我国螺旋藻生产基地已建成。大型海藻的加工利用即海藻工业也在发展中。海洋藻类药物工业，正成为朝阳产业。藻类的利用和开发的前景将越来越广阔。但是，有些藻类的大量繁殖，特别是有害藻类的异常发生，给渔业带来很大危害，甚至影响到人们的身体健康和生命安全。近年来，工业废水和生活污水大量排入海洋，导致海洋中甲藻、硅藻等异常发生，形成赤潮，使水质恶化，生态平衡被破坏，同时也给海洋渔业生产造成了严重的损失。

麒麟菜

你知道吗

外国的海藻产品有哪些

由于海藻中存在许多有药效作用的物质，比如海藻多糖、纤维素、生物活性碘、牛磺酸、维生素、天然色素、超氧化物歧化酶等，所以世界上很多国家都在研究和开发海藻保健食品。日本由于有喜好食用海藻的传统饮食习惯，加上具有先进的加工技术，所以在海藻保健食品的研制方面位居世界前列。据统计，日本现有4000多家生产海藻食品的厂家，生产200多种海藻产品，这些海藻产品基本上都是营养与保健俱佳的食品。另外，韩国、东南亚等国家的海藻保健食品也有一定的水平。

我国的经济藻类

具有开发利用价值的海藻称为经济海藻。我国经济海藻的近代科学分类始于1809年，英国藻类学家Tume在他的著作《Fuci》第二卷中发表了一种我国东海和南海产的经济海藻，命名为“鹿角藻”。此外，1959年，我国海洋学家曾呈奎等报道了54种经济海藻。近年来经过

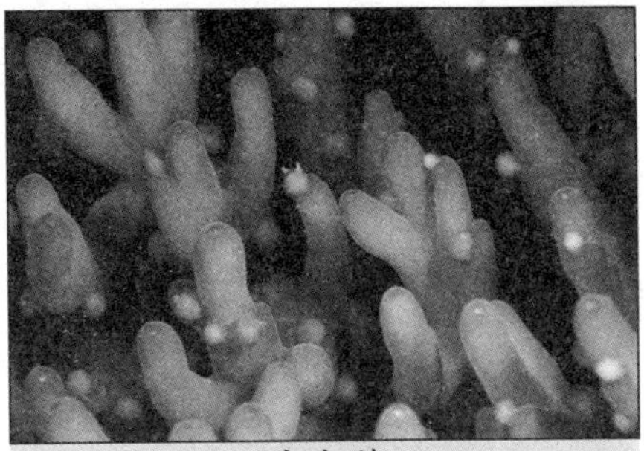

鹿角藻

整理研究，已知我国的经济海藻有100余种，目前用于食品生产的主要为褐藻、绿藻与红藻。近年来兴起的螺旋藻热又为微型海藻的开发掀开了新的一页。在众多的海藻中，最多而且被人类广泛采用的有如下种类。

1. 褐藻

褐藻呈黄褐色，个体较大，寒温带地区生长较多，是海藻中最值得注意的一种工业原料。我国沿海常见的褐藻种类有铁钉菜、网胰藻、萱藻、鹅肠菜、绳藻、海带、昆布、裙带菜、鹿角菜，马尾藻属中的铜藻、鼠尾藻、海黍子、海蒿子、羊栖菜

马尾藻

以及半叶马尾藻、草叶马尾藻、裂叶马尾藻、匍枝马尾藻、莫氏马尾藻、瓦氏马尾藻和亨氏马尾藻。

你知道吗

巨藻有什么用途

巨藻是人类不可多得的一种巨额宝藏。巨藻林内具有丰富的渔业资源。巨藻曾经长期是太平洋沿岸土著美洲人的食盐、食物、药品和渔具的源泉。早在17世纪，聪明的航海家们便借助于巨藻引导航行，因为他们懂得，一旦出现巨藻冠状层，便意味着海底下藏着浅礁。1914年，美国加利福尼亚人已开始大规模地收获和加工利用巨藻了。第一次世界大战期间，德国对美国实行钾碱禁运，这样就迫使美国科学家用巨藻体提取氯化钾生产肥料和火药。据统计，第一次世界大战期间，仅加利福尼亚一个州就从海洋中收获了150万吨巨藻，这一纪录至今未被打破。

2. 红藻

红藻一般生长在海洋深处或潮间带，都含有红藻红素和红藻蓝素，藻体不是很大。近几年来，红藻的养殖及化学性质受到各国海藻学家的重视。我国常见的红藻有红毛藻属、紫菜属(包括7种紫菜)、石花菜属(包括9种石花菜)、鸡毛菜属、海萝属、江蓠属、麒麟菜属、沙菜属、角叉菜属、叉枝藻属、仙菜属、鹧鸪菜属、松节藻属。

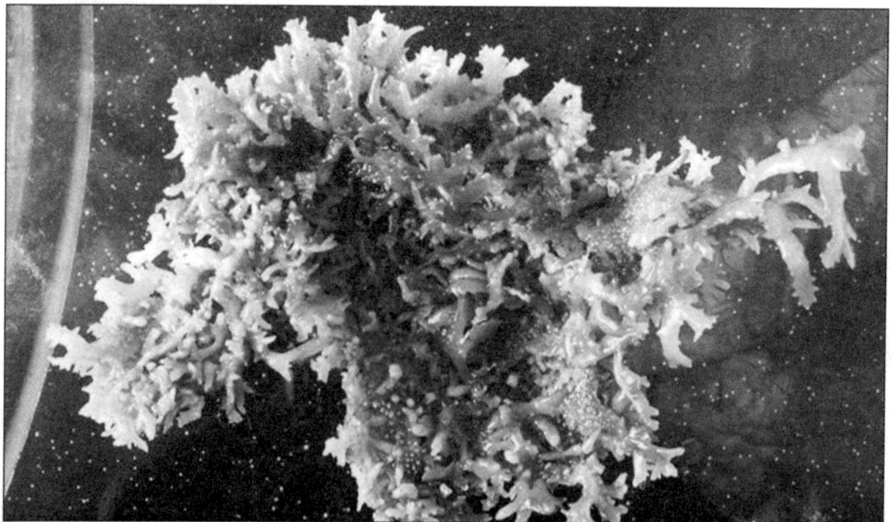

海萝菜

3. 绿藻

海洋绿藻是一类生活于海洋潮间带中的绿色植物，它们含有丰富的海洋叶绿素和多种微量元素，常见种类有石莼属、浒苔属和礁膜属等。

螺旋藻制成的营养品

4. 螺旋藻

螺旋藻是蓝藻门螺旋藻属的一种海藻，是微型、不分支、无异型胞的螺旋状丝体，广泛分布于世界各地的海水、半咸水和淡水中。通常所说的螺旋藻是指形体较大的钝顶螺旋藻和极大螺旋藻。

你知道吗

螺旋藻的特殊价值

螺旋藻非同寻常的价值在于：螺旋藻中 γ－亚麻酸是生成人体内多种荷尔蒙所必需的，在普通食物中极为少见。螺旋藻还富含钙、铁、锌、钾、核糖核酸、脱氧核糖核酸、多种酶以及其他多种元素。此外，叶绿素、叶黄素和蓝藻素的含量，也是其他植物无法与之相比的。

螺旋藻完全无毒，它体内多糖的细胞壁易于消化，无须特别处理就可食用，可以保持和增加体能而不增加体重，的确是一种理想的健美食品。它是一种广谱免疫系统促进剂，还可以抗疲劳。此外，对溃疡、贫血症、糖尿病、肝病、视觉不良等都有一定疗效，已被誉为“明天最好的食品”。

江蓠菜

我国辽阔的海岸线和较广阔的海岸为海藻生长提供了适应的环境，浅海湾和其他被保护区域，较慢的中强度水流、沙地和珊瑚藻底部，较好营养品载体是许多有重要经济价值的海藻的聚集地。目前我国在褐藻和红藻的人工养殖方面已达到了世界先进水平，特别是在海带、紫菜、江蓠等海藻养殖方面取得了显著的成就。褐藻产量已跃居世界首位，江蓠产量居世界第四位，直接或间接地为人类创造超过 100 亿美元的财富。但我国在海藻资源的开发及利用方面还远落后于一些发达国家，资源有效利用率仅有 1/4 左右，是我国海洋资源开发利用的一个薄弱环节。因此加快我国海藻资源的深度加工和综合利用具有极其重要的意义。

美丽的珊瑚藻

海藻的保健作用

海藻的保健作用主要有以下几方面。

1. 抗癌作用

海藻中的多糖起着重要作用。多糖作为海藻的最主要成分，含量达 60%左右。例如，由多糖构成的海藻细胞壁要比陆地植物的细胞壁厚，且柔软而富有弹性。同时，由于呈酸性的细胞间多糖具有羧基和硫酸根，所以具有选择吸收或交换海水中的离子，保持水分的作用。在陆地植物中尚未发现有这类黏多糖。构成海藻多糖的糖类中，有存在于高等植物中的 D- 葡萄糖、D- 半乳糖、D- 木糖、L- 鼠李糖、L- 阿拉伯糖、D- 葡萄糖醛酸和 D- 半乳糖醛酸等，同时也有 L- 岩藻糖、L-3，6- 半乳糖、6-O- 甲乳糖等海藻特有的糖类，以及 D- 甘露糖醛酸、L- 葡萄糖醛酸等特异的糖醛酸等。研究表明，岩藻聚糖、硫酸多糖等这些存在于海藻类而不存在于陆地植物的特殊多糖对癌症有明显的抑制作用。日本科学家从海带中提取出一种能诱导癌细胞“自杀”的物质——U 岩藻多糖，它能使癌细胞内的染色体以其自身内拥有的酸将

海藻制药

自己分解，两三日后癌细胞便自我消灭，而正常细胞不受损害。另外，藻类中含有的硫酸多糖能提高生物防御能力，在肠道内把有害的物质转化为无害的物质。因此，能抑制癌症的发生。

海藻中食物纤维除粗纤维外，还包括琼脂质和甘露聚糖层。海藻食品中的纤维含量较多。海带为28.6%，紫菜为29.7%，裙带菜为17.9%。纤维素的摄入，可促进肠道蠕动，增进消化腺分泌，使消化残渣膨松，在肠道中运行加快，减少有害物质的滞留和吸收，降低消化道中毒和肠癌发生率。

裙带菜

最近，从海藻中发现的环丙基氨基酸具有抑制癌及激活免疫作用，其特异的构造引起了人们的注意。

2. 降血压、降胆固醇的作用

中医认为，海带味咸性寒，可软坚散结、清热利水、镇咳平喘、去脂降压。“软坚散结”的效果来自海带中的碘，润喉片中往往含碘，就是利用了这个效果。民间偏方中，有用糖渍海带丝治咽喉炎的例子。海带利水的效果来自其中所含的甘露醇，因为甘露醇有利尿和消肿的作用。祛脂降压的效果则来自海带中的褐藻胶和长链多不饱和脂肪酸。褐藻胶是良好的可溶性膳食纤维，能够与食物中的胆固醇结合，将它排出体外，也有一定降压作用；长链多不饱和脂肪酸能够促进血管中胆固醇的清除，降低血液的黏度。两者都可起到降低血脂和血胆固醇、预防血栓形成的作用，对于心血管病患者来说是极好的保健食品。根据民间验方，海带和绿豆同煮，可以降低血压。

民间验方——海带绿豆沙

你知道吗

紫菜能治什么病

其实，我们的祖先早在1000多年以前就知道紫菜能够治病。我国著名的药学家李时珍在他的传世之作《本草纲目》中，就对紫菜的治病疗疾作用做过详细的记载。书中说紫菜"主治热气"，"凡瘿结积块之疾，宜常食紫菜"。这意思是说，紫菜能够清热解毒，治疗甲状腺肿大等病症。我国民间也一直流传着紫菜治病的验方。比如，用紫菜与牡蛎一起治慢性气管炎和咳嗽，紫菜与车前子配合可以治疗水肿和湿性脚气等等。现代医学证明紫菜还能治疗其他的疾病能够治疗高血压等病；消化性胃溃疡；紫菜中含有非常丰富的维生素A，最近的研究发现它能够抑制癌细胞的迅速分裂，因此，它的抗癌作用引起了研究人员的极大关注。

最近研究发现，海带能降血压，因为海带中含有褐藻酸的钾盐在起作用。褐藻酸是D-甘露糖醛酸和L-古罗糖醛酸按不同比例组成的聚糖醛酸苷，有排除多余钠离子和调节钠、钾的平衡作用。对由容量因素引起的高血压，食用海藻食物可收到良好的降压效果。

海带

海藻中存在大量氨基酸，氨基酸和它的诱导物也具有降压作用。从海带浸出液中分离出的海带氨基酸就有降压作用，其生理活性和藻体内代谢已受到重视。

日本科学家研究发现，食用海藻食品对降低血浆中的胆固醇有明显的效应。多不饱和脂肪酸的结构较为松散，占有较大的空间，排挤脂蛋白的蛋白质部分，使胆固醇降低。海藻中的维生素B_6和亚油酸也能降低血脂。维生素B_6能促进亚油酸转变为花生四烯酸，后者可促进胆固醇氧化为胆酸，导致胆固醇的降低。

海藻中的硫酸多糖还能增强血液中的脂肪酶的活性，降低血脂。

3. 补充矿物元素作用

藻类吸收海水中的矿物元素离子，不仅是浓度差引起的扩散渗透作用，而且对特定的离子具有高度

海藻中含有丰富的矿物元素

选择性，通过细胞膜主动转运，是一种不可逆的吸收。以钙为例，海带中的钙含量是海水的32倍，所有的食物中仅次于虾皮的钙含量(1177毫克/100克干海带，2000毫克/100克虾皮)。1992年，国家卫生部门进行了调查，结果是：由于我国习惯的饮食结构中含钙量丰富的食物不多，人们身体所需的矿物质中钙缺乏严重。当年的全民钙摄入量仅为年需要标准的50%左右，缺钙引起的骨质疏松比较严重，我国骨质疏松患者达8000万人。最简单的补钙方法是改变膳食结构。注意海藻这一丰富的天然食品钙源，坚持长期食用，一定会收到满意的效果。

海藻中含有丰富的碘，可为人体提供足够的碘。如果缺碘，将导致甲状腺功能低下，进而阻滞机体

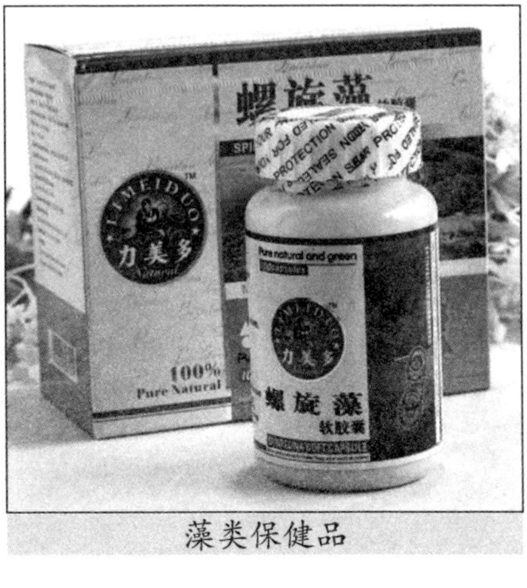

藻类保健品

的生长发育，影响神经系统及智力的正常发育，造成不同程度的智力损害甚至残疾。其原因是人体内的甲状腺必须在有碘存在下才能分泌可促进生长发育和加强基因代谢等重要生理功能的甲状腺素。人体的甲状腺素和肾上腺皮质激素、性激素共同维持人体生理功能的平衡，如果人体含碘量不足，甲状腺素缺乏，还会使糖类与脂肪氧化不充分，在体内积累胆固醇和脂肪，导致人体发胖和动脉硬化。成年人每天只需 100 ~ 200 微克碘就足够了。据统计，我国现有的 1000 多万智力残疾人中，有 80%是缺碘所致。碘缺乏的儿童智力低下、身体矮小、聋哑、瘫痪及特殊丑陋面容。碘缺乏儿童的平均智商比正常儿童低 10% ~ 15%。现在常用的补碘方法是食用碘盐，碘盐中含有的碘为无机碘，在储存、烹饪过程中很容易造成碘破坏，失去效用。而海藻食品含有机碘量很高，海带含碘量为 340 毫克 /100 克，易被人体吸收利用。

另外，海藻中还含有钾、钠、镁、铁、锌等，都是人体必需的矿物元素。

4. 清除体内重金属离子作用

城市环境污染每天通过食物、饮水和空气进入人体组织，有毒性作用，海藻中含有大量的褐藻酸，

紫菜含碘量相对很高

其中的古罗糖醛酸能很容易地与铅结合，并可以由消化道将铅排出体外。

综上所述，海藻是集营养、保健、治疗于一体的食品，其食用价值非蔬菜所能匹敌。海藻来源丰富、易于贮存、价格不高，亟待食品科技人员开发利用。

海藻保健品

藻类植物与人类生活

人类利用藻类作为食品，不但有悠久的历史，而且食用的种类和方法之多，也是数不胜数。据初步统计，仅在我国所产的大型食用藻类至少有 50 ~ 60 种，经常作为商品出售的食用藻类主要是海产藻类，如礁膜、石莼、海带、裙带菜、紫菜、石花菜等。商品食用淡水藻类有地木耳和发菜。我国云南景洪地区傣族同胞食用和出口缅甸等国的“岛”和“解”就是用淡水藻类中的水绵和刚毛藻加工制成的。由于单细胞藻类中含有丰富的营养物质，又有繁殖快、产量高的特点，大面积培养单细胞藻类作为人类食用或家畜的精饲料，也早已引起人们的重视，而且有的（如小球藻、栅藻）已在国内外推广利用。

海藻饲料

藻类对于医学和农业也有很密切的关系。有的直接作为药用，例如褐藻中的海带、裙带菜、羊栖菜等，都有防治甲状腺肿大的功效。红藻中的鹧鸪菜和海人草可作为驱除蛔虫的特效药。从褐藻中提取的藻胶酸、甘露醇和红藻中提取的琼胶也在医学中广泛应用，例如藻胶酸盐可作为制造牙模和止血药物的原料；甘露醇有消除脑水肿和利尿的效能，琼胶除作为轻泻药治疗便秘症外，还可用来作为制造药膏的药基、包药粉的药衣和细菌培养基的凝固剂。土壤藻类不但可以积累有机物质，刺激土壤微生物的活动，增加土壤中的含氧量，防止无机盐的流失，减少土壤的侵蚀，其中有些蓝藻还能固定空气中游离的氮素，在提高土壤肥力中起重要作用。此外，藻类是鱼类食物链的基础，鱼类的天然饵料一般都直接或间接地来自浮游藻类，所以在淡水鱼类养殖中，多通过施肥，繁殖藻类，为鱼类提供饵料。但是，当浮游藻类大量繁殖发生水华的时候，由于水中缺氧或产生有毒物质，也往往引起鱼类的大量死亡。

你知道吗

浒苔与绿潮

浒苔是一种可食用的海藻，也可以作为饲料和农业肥料。在绿潮发生过程中并不会对海洋生态环境、人体健康和食品安全产生危害，而且还有利于净化海洋生态环境。但是，在大批浒苔死亡后，由于有机质的集中分解，将对近岸海域的水质环境产生一定的影响，浒苔爆发还会干扰旅游观光和水上运动的顺利进行。

以藻类为原料所制成的产品，

水产养殖可以通过施肥繁殖藻类为鱼儿提供饵料

特别是藻胶酸盐，已广泛应用于工业生产中。例如，琼胶在食品工业中可作为凝固剂和糖一起制成软糖，和淀粉一起制成包糖用的糯米纸，制面包时加入琼胶可以使面包保持长期的松软，加入果子露中，可制成冷冻果汁；制鱼、肉罐头时加入琼胶，可以保持鱼、肉的原形，使鱼、肉不致在运输中散开；在日本和欧美各国，还用琼胶作为酿造酒、醋、酱油的澄清剂。在建筑业中，藻胶酸除用以粉刷墙壁、水泥加固、涂敷木材、金属品和工作母机外，还可以制成格子板和油毡的代用品。在纺织工业中，可用藻类植物约有3万种，主要分布于淡水或海水中。植物体型多样，有单细胞、群体（由许多单细胞聚集而成，细胞没有紧密的生理联系）、多细胞的丝状体

琼脂

及叶状体。高等的藻类已有简单的组织分化。植物体（简称藻体）大小差别很大，小的只有几微米，必须在显微镜下才能看到；较大的肉眼可见，最大的体长可达100米以上。

藻类植物一般都具有进行光合作用的色素，能利用光能把无机物合成有机物供自身需要，是能独立生活的一类自养原植体植物。藻体

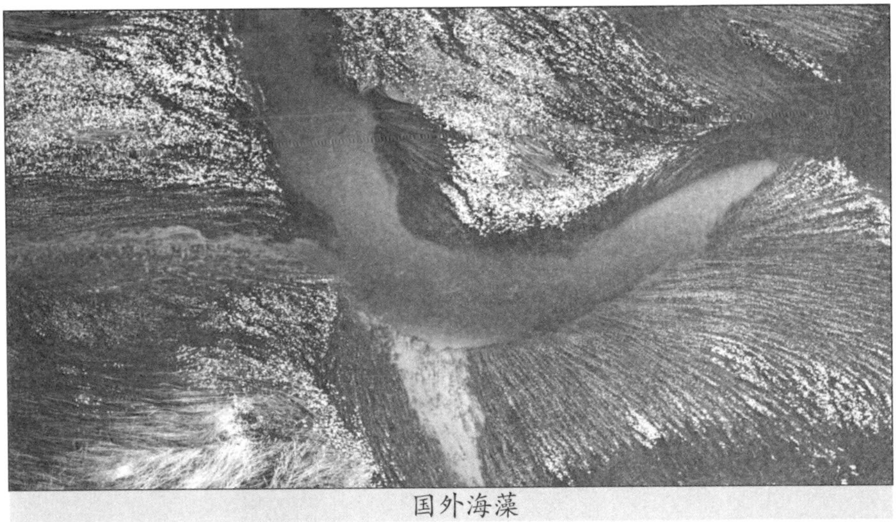
国外海藻

结构也比较复杂，分化为多种组织，如生长于太平洋中的巨藻。尽管藻体有大的、小的、简单的、复杂的区别，但是，它们基本上是没有根、茎、叶分化的原植体植物。生殖器官多数是单细胞，虽然有些高等藻类的生殖器官是多细胞的，但生殖器官中的每个细胞都直接参加生殖作用；形成孢子或配子，其外围也无不孕细胞层包围。藻类植物的合子不发育成多细胞的胚。有少数低等藻类是异养的或暂时是异养的，这可根据它们的细胞构造和贮藏的营养物质，与异养原植体植物——真菌分开。

水中的海藻

藻类在自然界中几乎到处都有分布，在潮湿的岩石上、墙壁和树干上、土壤中也都有它们的分布。但主要是生长在水中（淡水或海水）。在水中生活的藻类，有的浮游于水中，也有的固着于岩石上或附着于其他植物体上。藻类植物对环境条件要求不高，适应环境能力强，可以在营养贫乏、光照强度微弱的环境中生长。在地震、火山爆发、洪水泛滥后形成的新鲜无机质上，它们是最先的居住者，是新生活区的先锋植物之一，有些海藻可以在100米深的海底生活，有些藻类能在零下数十摄氏度的南北极或终年积雪的高山上生活，有些蓝藻能在高达85℃的温泉中生活，有的藻类能与真菌共生，形成共生复合体（如地衣）。

藻类还可用以修饰布料、浆丝等，如我国广东产的香云纱就是用海萝胶作浆料制成的。硅藻在工业中的用途也很广，例如加入硝酸甘油后，可以防止爆炸，可作为制造耐火砖、滤器、牙粉的原料。

随着对藻类认识的日益深入，利用的范围也在不断扩大，从现在初步的研究成果来看，藻类在解决人类目前普遍存在的粮食缺乏、能源危机和环境污染等问题中，将发挥重要作用。

第三节　海藻趣闻

海藻的颜色比高等植物丰富

与高等植物相比，藻类的颜色可谓五彩缤纷，有的像春风吹绿的江南，呈现一片绿色；有的像金秋染就的霜叶，红似二月之花；有的像玻璃海棠，呈现一片褐色。是什么把藻类打扮得如此美丽？答案就是色素。色素在植物界普遍存在。植物能进行光合作用，就是靠色素。

海带苗

色素有三大类，即叶绿素、类胡萝卜素和藻胆蛋白。根据化学结构，各大类色素又可细分为不同的种类或类型，如叶绿素可分为叶绿素a、叶绿素b、叶绿素c、叶绿素d等种类，叶绿素c又可进一步分为叶绿素c1和叶绿素c2；类胡萝卜素可分为胡萝卜素和叶黄素，胡萝卜素又有胡萝卜素α、胡萝卜素β、胡萝卜素γ、胡萝卜素δ、胡萝卜素ε等不同的类型，藻胆蛋白的类型更是变化多端，有数十种之多。各类色素在光合作用中分工明确，叶绿素是吸收日光能量进行光合作用的主要色素，其他色素则是辅助色素，负责将接收到的日光能量传递给叶绿素a进行光合成。

与高等植物相比，藻类不但具有高等植物所具有的叶绿素a、叶绿素b、胡萝卜素。c、胡萝卜素β、

海上“庄稼地”

胡萝卜素 γ、叶黄素、玉米黄素，还具有高等植物不具有的叶绿素c、叶绿素d、胡萝卜素 δ、胡萝卜素 ε、褐藻黄素、硅藻黄素、蓝藻黄素及藻胆蛋白等。正因如此，藻类才表现出比高等植物更加丰富的颜色。

海上庄稼别样栽

大家对大田里种的庄稼都有一些了解，比如玉米，每年春天把种子播入土里，很快，种子发芽，植株长高，直至开花、结穗。海带这样的海上庄稼如何在海上种植并生长呢？海带种植的第一步是在室内培育海带苗；第二步是将室内育出的海带苗夹在长长的棕绳上；第三步是将绑有竹筒或空心玻璃球的棕绳一排排地半浮半沉地吊挂在海面上。以后，海带随着棕绳随波漂荡，远远看去，宛如一片海上粮田。

有趣的是，陆地庄稼都是扎根

海上养殖

宛若神迹的海藻

于土壤，茎叶向上生长，而海上庄稼恰恰相反，假根朝上，叶片向海底伸展。另外，二者在营养供给方法上也不一样，陆地庄稼靠根吸收土壤中的水分和肥料，从而茁壮成长，海上庄稼靠叶子吸收纱袋里的化肥。

海藻的“变色术”

在显微镜里，明明看到活的硅藻是黄褐色，可死亡后，硅藻有时却会变成绿色。为什么会有如此奇妙的变化？原来这一切都是藻体内色素变化的缘故。活的硅藻呈黄褐色，是因为硅藻的细胞里除了叶绿素外，还含有特殊的黄色物质——硅藻素。当硅藻死亡后，硅藻素随水排出体外，叶绿素却仍然保留在硅藻体内，硅藻因此也就变成了绿色。

裙带菜是褐藻。与所有褐藻样，裙带菜体内既有绿色系列的叶绿素,又有黄色系列的类胡萝卜素。鲜时，裙带菜呈褐色，是由于类胡萝卜素占优势，掩盖了叶绿素的颜色。当裙带菜在开水中时，黄色系列的类胡萝卜素不耐高温，首先遭到破坏；叶绿素因为能耐受较高的温度而得到保留，因而叶绿素的绿色就表现出来。

烤紫菜是大家非常喜欢吃的一种休闲食品，商品名称叫“海苔”。与新鲜紫菜相比，烤紫菜的外在形态发生了很大变化，同时味道也发生了改变，因而许多人不知道它究竟是什么东西，有的商家也因此迷惑消费者，说什么“海苔是不同于紫菜的另外一种海藻，营养价值比紫菜高”。商家的这种行为固然不值得提倡，但也道出了紫菜烘烤后的变化。

海苔就是烤过的紫菜

你知道吗

为什么紫菜烘烤后就变色了

鲜紫菜呈黑紫色，经过烘烤会变为青绿色。这是因为紫菜加热后，红色的藻红素被破坏了91％，蓝色的藻蓝素被破坏了82％，而绿色的叶绿素仅被破坏了5％，所以，叶绿素的绿色被表现出来，使紫菜呈现出绿色。

新鲜紫菜入口后略带甜味，烘烤后则香气袭人、鲜美可口。这是细胞壁变化的结果。鲜紫菜的细胞为黑色的方形细胞，由甘露聚糖组成的细胞壁像一层薄膜包裹着细胞内的各种物质，一定程度上阻止了胞内物质的释放和味道的显现，甘露聚糖的甜味则显现出来。烘烤后的紫菜，细胞发生变形。甘露聚糖组成的细胞壁受到破坏，细胞内的各种物质可以自由地从细胞壁通过，香味和鲜味就会明显地释放出来。

海藻体内的“脑黄金”

DHA 是二十二碳六烯酸英文名字的缩写，因为具有健脑作用，因而被形象地称为“脑黄金”。

传统 DHA 的商业来源是深海鱼油。由于受物种、海域、气候、资源等自然因素的影响，深海鱼油产量和质量不是十分稳定。而且，深海鱼油中含有胆固醇和无法去除的 EPA(二十碳五烯酸)。EPA 既有软化血管的功能，又有抑制儿童及青少年生长发育、影响胎儿生长、破坏血小板使血液不易凝固等副作用，因此，不能随便将来自鱼油的 DHA 添加到婴幼儿食品中。美国食品和药物管理局 (FDA)(1997) 认为，鱼油中含有一些不安全的成分，长期服用可对人体产生副作用。研究发现，海洋微藻是 DHA 的新来源，许多单细胞藻中的 DHA 含量都超过微藻所产生的纯油的 15%，有的甚至超过纯油的 40%。

进一步研究的结果更令人惊喜，微藻 DHA 不但含量高，而且具有比鱼油 DHA 食用安全、稳定性强、生物利用率高等优点。临床试验表明，微藻 DHA 油可作为食品添加剂用于食品加工，婴儿和成人食用都安全可靠。微藻 DHA 供成人食用时，即使食用剂量高达每日 15 克，也无任何临床副作用。有人分别用添加了鱼油 DHA 和微藻 DHA 的面包做对比后发现，前者存放几天后会散发出难闻的哈喇气味，而后者则很少发生这种现象。结果说明，微藻 DHA 比鱼油 DHA 稳定性强。在生

藻类食品

藻类食品之羊栖菜

物利用率方面，微藻 DHA 极易被成人和婴儿吸收。鉴于微藻 DHA 的这些优点，目前欧洲国家已普遍开始食用微藻 DHA。

世界上许多国家已经着手从微藻中提取 DHA。美国通过海洋微藻的大规模培养率先获得了 DHA，我国也攻克了利用生物反应器培养深海植物的世界难题，生产出了高纯度的 DHA 营养素。微藻 DHA 的成功提取，为人类的健脑行动提供了很好的帮助。

藻中“珊瑚”

珊瑚是生活在热带海域的腔肠动物，它们以“辛勤劳动”及子孙后代的不断努力，用自己的骨骼建造了一个又一个美丽的珊瑚礁。在沿海礁石上，还有另外一类珊瑚，

珊瑚藻

它们不是动物，而是植物。植物珊瑚实际上是红藻，又名珊瑚藻。珊瑚藻生活在海洋中，全身充满了钙质，身体粗糙而坚硬，与海洋中的动物珊瑚真有几分相像，就连18世纪著名的生物分类学家林奈也极为肯定地说它是动物。但研究表明，珊瑚藻虽然身体里充满了钙质，但细胞内却含有叶绿素，能通过光合作用养活自己，而不像动物那样靠吞食别的生物为生。

珊瑚藻身高5厘米左右，基部固着在珊瑚礁上或浅海的岩穴内。它的身体数次重复叉状分枝，并排列成羽状。

珊瑚藻的钙质身体为研究工作带来了难度。科学家要研究它，必须用酸性物质使其脱钙变软。同时，珊瑚藻的钙质身体在古生物学和地质学的研究上又有特殊的意义。由于钙质化，珊瑚藻在漫长的地质年代变迁中不会像其他藻类一样消失得无影无踪，而是始终保持着当初的面目，成为可供现代人研究的化石。20世纪60年代，中国科学工作者在珠穆朗玛峰地区进行科学考察，在第三纪岩层中发现了一种珊瑚藻化石，据此，科学家推断珠穆朗玛峰曾经是一片海洋。人们还根据珊瑚藻提供的证据，发现大型海相碳酸盐型油田。

你知道吗

珊瑚藻的药用价值

珊瑚藻还是一种中草药，具有除湿杀虫的功效，对蛔虫、蛲虫等症有治疗作用。日本专家铃木用几种海藻的浸出液研究了海藻的驱蛔虫效果，结果显示，珊瑚藻的驱蛔虫效果比海人草还好，驱蛔虫率是海人草的1.5倍。

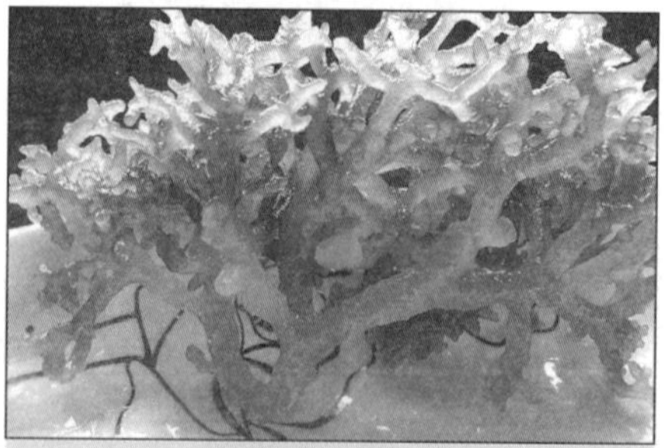
水晶蓝珊瑚藻

海洋环境与海洋生物

1. 海洋区带与海洋生物

地球表面71%是海洋。广阔的海洋可以按地形和海水深度的不同划分为沿岸地区和深海地区。沿岸地区(或近海区)是指由海陆相接处到海底深200米以内的坡度较小的海区(此区也称大陆棚，此海底称大陆架)。在此区内又根据海水深度和其物理、化学的特性，分为滨海带和浅海带两个地带。滨海带是由高潮线到50米水深的地区。在此区域内动、植物的种类比较多。高潮线(即海水涨潮至最高处的海岸线)与低潮线(即海水退潮至最低处的海岸线)间的地带称为潮间带。浅海带是由50米水深到200米水深的地区。沿岸地区的面积只占海洋总面积的8%左右。可是，人们从近海捕获的鱼、虾却占海洋渔产总捕获量的90%左右，尽管这与大洋区的渔业资源尚未得到充分开发有关，但近海区的生物资源确实要比大洋区丰富得多。我国的渤海、黄海和东海(合称“东中国海”)都在大陆架区，绝大部分海底的水深都在200米以内，是世界上有名的渔场之一。深海地区(或大洋区)是指沿岸地区以外的极大部分开阔海域。此区又分为倾斜带和深海带两个地带，前者是指水深200～2440米之间的地区，后者是指水深2440米以上至最深的海域。深海带的特点是水温低(界于0～5℃)，海床柔软，环境稳定，光线缺乏、无季节性变化，没有什么植物，少数栖息的动物均为肉食性动物。通常把生活在近海和大洋的生物分别称为近海生物和大洋生物。

大海边的渔业养殖

2. 水温与海洋生物

海水温度状况是海洋生物地理分布的限制因素，除海鸟和海洋哺乳动物外，所有的海洋生物都是变温生物，而海水温度又随着纬度和深度变化着，因此，海洋生物的分布就必然与海水温度的地理差异有关。根据海洋表层温度和整个生物的分布状况，可以划分出3个主要生物地理区：

(1)极区。表层有冷冻和冰块影响，生物分布在此深度以下，浮游动物幼体种类较少而数量多，常成片集中分布，表层动物多，吸引大量海鸟和海洋哺乳动物。

（2）温带。季节变化显著，表层水只在夏季是温和的，由冷水团和温水团侵入，生物组成复杂，有些地区生产力高，为重要渔场。

（3）热带。无明显的季节变化，表层水温终年都在 20 ~ 30℃之间，生物种类多，垂直分层位置较深，有珊瑚礁分布。根据海洋生物对水温适应范围的大小，可将其分为两类，即广温性生物和狭温性生物。前者如牡蛎、抹香鲸、海豚等。后者又可分为狭喜冷动物，如端足类、哲水溞、鳟、深海鱼类等；狭喜热动物，如造礁珊瑚、异足类、多数翼足类、十足类的虾、蟹等。

大海中的抹香鲸

3. 光与海洋生物

太阳光辐射是海洋环境中最重要的生态因子之一。光能是海洋植物进行光合作用的能源，直接影响着海洋有机物的生成，从而也关系到整个海洋生物的生活和生存。光还直接或间接地影响着海洋生物的行为和分布。

海洋植物光合作用的强度与光照强度有直接关系。每一种海洋植物都有一定的最适度或饱和光照强度。在这个光照范围内，光合作用速率可达最高水平。由于光线强度随水深而减弱，因此，在达到某一水深时，植物光合作用所产生的氧量恰好等于其呼吸作用的消耗量，即水生植物所产生的有机物质全部为其自身生命活动所消耗，其有机物的净产量正好为零。这时的光照强度称为补偿光强（补偿点）。补偿点所在的深度叫作补偿深度。补偿深度不仅取决于纬度、季节和日光照射的角度，也受天气、海况和海水混浊度（包括浮游生物的丰歉）的影响。因此，海洋中底栖植物只能分布在近岸的浅水区域，而海洋表层水中的浮游植物是海洋中主要的初级生产者。光照也是影响海藻垂直分布的重要因子。由于水对目光中各光谱的吸收率与光线波长大小成正比。因此，在海洋藻类的垂直分布中，上层的海藻为含叶绿素多的蓝绿藻，能有效利用红光；中层是含褐藻素多的褐藻，能有效利用黄光和红光；层面是含红藻素多的红藻，能有效利用蓝绿色光线。由于浮游动物以浮游植物为食,因此，浮游植物的分布直接影响着浮游动物的分布状况，同时也影响着以浮游动物为食的鱼类等动物的行为和分布。另外，除爬行类和哺乳类以外的许多海洋生物当受到机械碰撞或温度、电流和化学等刺激时，具有发光现象，以达到吸引异性、引诱食物和保护自身等生物学目的。

微波荡漾的海洋

4. 盐度与海洋生物

盐度对海洋生物的分布、形态、生长和发育都有影响。

根据水生生物对水环境含盐量的忍耐性以及进行水盐代谢和渗透压调节的适应性，可把它们分为两大类：

（1）狭盐性生物。它们只能生活在盐度稳定的环境中，如深海和大洋中的生物。

（2）广盐性生物。它们对海水盐度的变化有很大的适应性，如沿海和河口地区的生物以及洄游性动物。另外，大量的调查资料表明，不同盐度海区的物种数量存在着差异，一般盐度较低和盐度变化大的海区，其物种数目较少。这是因为海洋动物是以狭盐性变渗压种类为主的。

5. 溶解气体与海洋生物

海水中溶解有大气中所有的各种气体，其中氧、氮和二氧化碳的含量很高。缺乏溶解氧的水域常有硫化氢出现,在停滞不动的海水中，还有有机分解和腐败而产生的其他气体(如甲烷)。这些溶解气体在很大程度上决定着海洋生物的生命活动。

溶解氧可大量地从大气中溶入海水，但更主要的是来自于海洋植物进行光合作用时排出的游离氧。海洋生物在呼吸作用过程中需要大量的氧气，而有机残体腐败和分解时也消耗氧气。绝大多数海洋生物在缺氧条件下会出现窒息死亡现象。海水溶解氧有较明显的垂直分布，表面海水含氧量一般很高，常达饱和状态，在 25 ~ 50 米水层附近，浮游植物大量密集,光合作用旺盛，氧含量很高。在其水层以下，溶氧量逐渐减少，到 1 000 米附近时，溶氧量达最小值。在深层，含氧量却稍有增高，这是因为有较多溶氧量的极地海水流入的缘故。

在缺氧条件下，由于嫌氧细菌的活动，硫酸盐经过还原作用而形成硫化氢。硫化氢对绝大多数生物具有剧毒作用。

海洋藻类

氨是含氮有机物分解的中间产物，细菌对硝酸盐的反硝化作用以及某些光合细菌和蓝藻进行固氮作用时也产生氨。对海洋动物具有毒性作用的主要是分子氨，在低氧条件下其毒性尤为严重。

深海热泉：生命绿洲

自 1979 年科学家首次发现“黑烟囱”，它便成为海洋科学研究的热点。1988 年，中国与德国科学家联合考察了马里亚纳海沟。人们通过水下摄像机看到：在水下 3700 米左右的海底岩石上，有像枯树桩一样的东西，周边还有块状、碎片状和花朵状物，在喷溢出口处沉淀堆积了许多化学物质。采集到的主要岩石样品为黄褐色，间杂黑色、灰白色、蓝绿色。经过鉴定和化学分析，确认是海底热泉活动的残留物，称之为“烟囱”。其组成物大多是硫化矿物，除了大量的铜、锌、锰、钴、镍外，还有金、银、铂等贵重金属。在方圆几百米的范围，柱状物体喷发着滚滚黑烟，数十个柱状喷发物使人仿佛置身于一个由烟囱组成的海底工业基地。海底“黑烟囱”是由于海水沿海底地壳裂缝向下渗透，在被地壳深部加热后，溶解掉岩石中包括硫和铁在内的多种金属元素，沿着裂缝对流上升，并喷发到海底形成的。能够“喷金吐银”的“黑

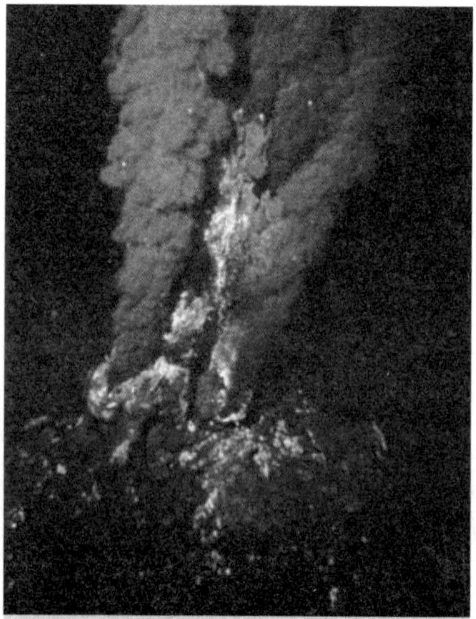

海底“黑烟囱”

烟囱”还带来丰富的矿产资源。“黑烟囱”就分布在海脊和弧后盆地扩张中心的位置上，其喷发沉积物在海底形成金、银、铜、铁、铅、锌、锰、钡、汞等多种矿产。这些高品位矿产将成为人类潜在的矿产资源。

在“黑烟囱”四周，有种类和数量都十分丰富的海洋生物。一般深海的温度只有0℃，而海底热泉活动频繁的“黑烟囱”的附近水温却高达350～400℃。据推算，水深每增加10米，就会增大1个大气压，这就意味着在水深4000米的海底，物体要承受上百吨的压力。在这样恶劣的环境下，竟然还有生物。为了解开这个谜，科学家们进行了不解的探索。1980年，有科学家在太平洋加拉帕戈斯群岛附近进行水下考察，在一个海底深渊喷出的90℃的热水中发现僵死的细菌；科学家们继续下潜，在水下2650米深处，发现了活动力极强的细菌。而这里的水温为250℃，压力为2700万帕斯卡。原来，那些在90℃热水中发现的僵死细菌，是被热水推到水深较浅的水域“冻死”或者是忍受不了内部的压力“爆炸”而死的。

更令人吃惊的是，在活动热泉附近，聚集了大量的新生物物种。人们熟悉的海洋生物在这里能够见到，还有不少管蠕虫活动在海底温泉的喷口处。此外，在深海底部极端环境下竟存有生命，即在高达400℃的海底火山口附近，存在着不计其数的耐高温、耐高压能力极强的微生物。它们属于微生物中的古菌，在深海热泉旁利用硫氧化获得能量。只不过生物个体过于细小，被以往的研究所忽视而已。它们之所以在这里生活，是因为深海热泉的环境与地球早期的环境相似。不同纬度、地形和深度的海洋，具有不同的物理及化学条件，因此造就了特色不一、各式各样的海洋生物。

生活在阳光下的人们，决不会对“万物生长靠太阳”这一说法产生怀疑。但是，深海海底“黑暗生物圈”的发现为我们打开了新的视野。“阿尔文”号深潜器在东太平洋发现了近百度的高温环境，海底喷出含硫化物热液，冷却后形成“黑烟囱”耸立于海底。当人们把海底表层的岩石和沉积物原封不动地取上来时，才发现深海底部决非“沙漠”，生物多样性和生物密度可以和陆上热带雨林相比，目前新发现的生物已达10个门类500多个种类。有人将这些五彩缤纷、生机勃勃的海底生物世界称为海底“生命绿洲”。

之所以令人惊讶，不仅在于热液生物群的生物密度比周围海底高1万倍到10万倍，更在于这种生物

3200米的深海底景观

群赖以生存的能量来源与众不同。热液区的动物群，证明了不仅有在常温和有光的环境下通过光合作用产生有机质的"有光食物链"，还存在着依靠地球内源能量即地热支持，在深海黑暗和高温的环境下，通过化合作用生产有机质的"黑暗食物链"。热液生物群中最有趣的就是3米长的管状蠕虫，这些蠕虫既没有口也没有消化器官，全靠硫细菌提供营养。

在深海海底根本没有阳光，不可能进行光合作用，而且温度高、压力大，硫细菌从热液中取得地热的能量，支持着特殊的热液动物群。除了蠕虫，还有瓣鳃类、螃蟹等热液生物。热液生物的新陈代谢特别快，远远高于靠阳光生长的生物群，因此个体较大。深海研究的发现结果表明，今天地球上有两类生物群、两种食物链：一类是靠外源能量即太阳能支持的，在常温和有光的环境下靠光合作用产生有机质；另一类则是靠地球内源能量即地热支持，在高温和黑暗的环境下靠化合作用维持。这两类生物群的能量来源和合成有机质的机理完全不同，它提示了我们地球生物起源的途径。地球演化的早期大气属于还原性，不可能有靠光合作用存活的生物群，类似现在的热液生物群、依靠地球内热的生物也许是当时地球上独有的生命群。这类热液生物群在各大洋发现的分布地点已经数以百计，离我们最近的就在冲绳海槽。

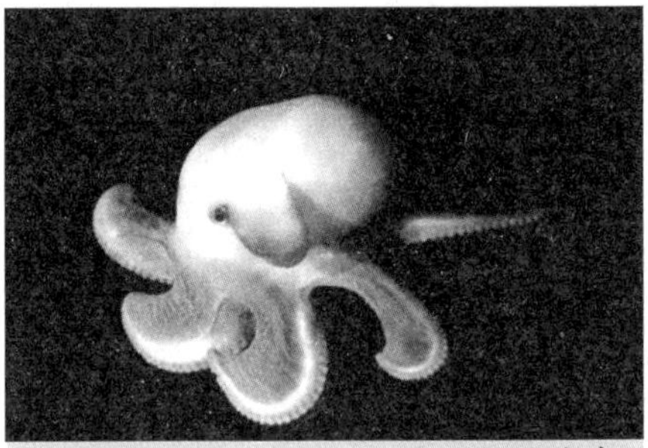

海底火山口动物可以证明植物的存在

以前，许多科学家都认为深海海底是永恒的黑暗、寒冷、宁静，不可能存生生命。但是1979年科学家首次在水下2700米深的海底发现热泉，并观察到和已知生命极为不同的奇特生命形式，进而改变了对地球生命进化的认知。科学家分析了深海细菌对温度、盐度、压力、营养等极端环境的适应性机理，证实深海细菌主要通过基因复制来适应极端环境。

热液喷发物含有大量的化学物

质和能量，孵育了耐高温、耐高压和分解有毒气体并且不依靠太阳就能生活的大量生物。该生态系统的环境特征被认为与地球生命形成早期的环境特征相似，因此研究热液生命系统中的嗜压、嗜热等极端微生物无疑具有重大的意义。深海细菌对低温、高压的适应有高度的相关性，证实多不饱和脂肪酸在深海细菌低温、高压适应过程中发挥了关键性的作用。科学家们曾在距海平面 10 896 米以下的海洋最深处，发现了主要由脆弱的软壁单细胞物种构成的生物群落，同时还发现有孔虫的生物群落生活在太平洋马里亚纳海沟的“挑战者”深渊。

有孔虫是单细胞的原生生物，通常有硬壳，主要生活在海洋中。它们在深海环境中很少见，对地质学和生物学具有极为重要的意义。这些新生物体的 DNA 的分析表明，它们代表一种寒武纪以前的生物原始形式，更复杂的多腔生物是从这些原始形式进化而来的。“挑战者”深渊的深度也许是在过去的 600 万到 900 万年前形成的，这些生物体，可能正是能够适应随深度增加而不断增加压力的种群的后代。

科学家曾观测到关岛附近海域的海底火山爆发，那里一座不断喷发岩浆和有毒气体的海底活火山周围竟然生活着多种海洋生物。尽管生存条件极为恶劣，但包括虾、蟹、帽贝和藤壶在内的大批生物在那里茁壮生长。这一发现为科学家研究极端恶劣环境下动物生存提供了线索。这类生物完全是依靠化学自营细菌的初级生产者。同“黑烟囱”喷出的热液里富含硫化氢类似，这样的环境会吸引大量的细菌聚集，并能够使硫化氢与氧作用，产生能量及有机物质，形成化学自营现象。这类细菌会吸引一些滤食生物，或者是形成能与细菌共生的无脊椎动物共生体，以氧化硫化氢为营生来源，从而形成一个以化学自营细菌为初级生产者的生态系。科学家推断不断喷发的火山确实在源源不断地给这里的生命提供养分。

太平洋海底的大头鱼

对于生命是最先诞生于地球表面，还是起源于海洋底部的热泉，目前科学界仍在争论。科学家们认识到氨基酸是构成有机体的最主要成分，而氮又是构成氨的基本成分，因此氮转变成氨就成为生命起源过程中必要的一步。在高温和高压下利用金属矿物作为催化剂，氮分子可以与氢发生还原反应生成由一个氮原子和三个氢原子组成的具有活性的氨分子。作为生命起源的前奏，氮分子向氨分子的转换过程很可能发生在溶解了大量矿物质的海底热泉周围。而一个富含氨分子的环境比一个氮分子占主导的环境，能更有效地满足早期生命起源对氮元素的需求。在800℃以上的环境下，氮元素只有以分子形式存在才能保持稳定，从而排除了早期地球大气中大量产生氨分子的可能。在地球形成的早期，由于小行星的撞击，地球表面温度要超出800℃。海底热泉在地球早期如果能够产生足够的氨分子，通过海洋与大气的水和气体交换，氮分子占主导的早期地球大气中氨分子会逐渐增多。由于氨属于温室气体，能够对地球表面起到保暖作用，这解开了当时在太阳能量不足的情况下，地球上的海洋仍能保持液态的谜团。

科学工作者乘坐潜水器考察大洋中脊和裂谷，同样发现从裂谷底喷涌出来的热泉。冷海水沿裂隙渗入炽热的新生洋壳内部，变成热海水，热海水和洋壳玄武岩之间发生强烈的化学反应。玄武岩中的铁、锰、铜、锌等被淋滤出而进入热海水中，从而喷出富含金属的热泉。由河流带入海洋中的镁、硫酸根，在此过程中大部分被中脊轴部的洋壳所吸收。沿着8万千米长的大洋中脊只需要800万～1000万年，这些与世界海洋等量的海水就可以经过脊轴洋壳循环一遍。它对于海水化学成分的演化，产生了深远的影响。

浅海底景观

我国科学家认为，最重要的深海考察任务和最令人期待的正是对于海底热液及其周围特殊生命现象的研究。科学家们计划在太平洋、大西洋和印度洋的5个已知存在海底热液现象的区域进行进一步深海探测、采集热流“烟囱”周边的硫化物、水体、近海沉积物等样品，对其矿物组成，金属元素含量高低，周边生态现象等进行综合研究，并使研究成果尽可能得到应用。

第六章
海洋植物的开发

我们不仅要认识海洋植物的多样和美丽，更应该了解它们宝贵的资源价值。海洋植物不仅给我们人类提供了各种各样的食品，还在能源、医药、材料、肥料等方面具有广阔的开发前景，为我们日益严重的生存环境缓解了压力。

第一节 21世纪的绿色食品：海藻食品

海藻食品

中国海域辽阔，海岸线长，海藻资源丰富。远古的人类就已认识到海藻的食用价值，人们很久以前就把海藻作为食物、肥料、饲料和药品。随着人类历史的发展，海藻食品的发展也经历了一个漫长的过程：最初人们将采获的海藻直接食用，严格来讲，这个阶段还谈不上海藻食品的生产，只是起码的生存的需要；随着采获工具的不断改进，收获的海产品有了剩余，人们要进行加工贮藏，随之出现了干海带、烤紫菜等海藻的干制品这类海藻的加工，这一过程经历了漫长的历史时期，可以称为海藻食品的传统加工时期，这一时期内，海藻应用的主要方面为食用，其次有少部分药用，传统上主要是鲜食或简单干制贮存食用。由海藻制成各种食品则是近几年的事。

用海苔做成的寿司

你知道吗

我国的海藻保健食品有哪些

我国先后研制出了很多种海藻保健品。比较有名的海藻保健品有“脉怡康”“必索”“海藻碘精”“海力康”“螺旋藻”“降糖乐”“益寿清心饮”等。这些产品都是以海藻为主要原料，采用科学的方法加工而成的天然保健食品，具有多种保健作用。如果经常食用这些保健食品，就能够促进胎儿和婴幼儿的大脑发育，提高学生的记忆能力，维护正常的视觉功能，保护视力，提高免疫功能，保护心肌和肝脏，预防肥胖和心血管疾病，延缓衰老等等。

随着社会的发展，传统的加工工艺已满足不了人们的需要，特别是海藻养殖业的飞速发展，给海藻加工业提出了新的、更高的要求，也为海藻加工业带来更为广阔的发展空间。各种各样的藻类食品应运而生，尤其是各种快餐食品、休闲食品、营养食品和保健食品，如雨后春笋般涌向市场。

海藻食品分为简单加工和深加工或者称直接加工和间接加工两种类型。所谓直接加工食品，即选取可直接食用的海藻，如紫菜、海带、裙带菜、羊栖菜、麒麟菜、浒苔、鸡冠菜等，经过净化、软化、熟化、杀菌、脱水、成型、干燥等工艺加工成海藻丝、卷、末、粉或辅以调味的复合型食品。目前我国海藻直接加工食品仅限于紫菜、海带、裙带菜等少数几种海藻，产品种类贫乏，加工层次较低，有待进一步研究开发新型的海藻食品。所谓间接加工食品，是指以海藻为原料，提取其中的有效成分，或以海藻的简单加工品作为添加剂制成的食品，大多属于某些有疗效的保健食品，这是当今海藻食品研究开发的方向。

渔民收获紫菜

海藻再生资源的开发

海藻和农产品中的粮食、水果、蔬菜一样，首先以食为主，主要是

鹿角菜烹制

向人类提供赖以生存的食料。但在海藻加工的同时，其原料中必然有相当数量的不可食部分要被处理出去。就海藻而言，这些不可食部分（如海带根）往往在原料中占相当大的比例，一般占30%左右，个别种类高达40%。这些不能通过一般食品加工方式加工成食品的部分，称为“废弃物”或“下脚料”。然而它又含有蛋白质、酶、油脂以及其他一些具有生物活性的物质如多糖类、维生素类、矿物质（包括了许多能起重要生理作用的微量元素）等。这部分原料中除了蛋白质之外，其余各类成分不论在种类上或数量上，都远比作为可食部分中要丰富得多，如不加以利用，这些易于腐败的原料至多成为肥料而用于农业生产，作为垃圾而言，是污染环境的一个重要因素。如果通过加工技术将其改造，则可以从中回收许多产品，有些可以做成食品，而且是富含许多营养要素的优质保健食品；有些则可以成为很有价值的饲料；有些成为工业上具有多种用途的物质；有些可以作为原料再衍生出许多产品。这些种类繁多、各具功效的产品，都是来自海藻工业附带生产的所谓废弃物，这种加工利用方式称之为“副产品加工”或叫作“综合利用”，同时也说明了“废弃物”其实不废，而是宝贵的资源之一。

藻类加工过程的下脚料主要为废液和废渣。废液主要为藻类食品加工过程中的浸泡和洗涤液，这部分液体中含一些陆地植物稀有或不含有的无机盐和氨基酸，尤其是碘的含量丰富，其中许多为生物活性有机碘，是开发补碘食品的绝好原料。废渣主要指的是由海带表面脱落下来的白色粉末，这部分粉末中所含的主要为水溶性的成分。因为在海藻（尤其是褐藻的海带）的干制过程中，藻体内部的水分不断由内部迁移至表面而蒸发。随着水分的不断迁移，内部水溶性良好的无机盐，如钾离子、钠离子、无机碘以及甘露醇，便随水分一同迁移至表面；而水溶性低的如有机碘等则留在藻体内部。迁移至表面的水分蒸

用海藻腌制的美味小吃

发后，在藻体表面留下了水溶性成分，随着干燥的不断进行，表面及其周围累积了越来越多的水溶性盐和甘露醇，此混合物以白色粉末状附于藻体表面。海带碎料含有较多的胶体，是开发增稠剂褐藻胶和制作果酱食品的原料；海带根和老的藻体可以开发食用纤维和提取有机碘、活性多糖等物质。制造琼脂、的残渣中含有大量的膳食纤维，可从中制备出优质的保健食品。

海藻功能食品

海藻是海洋中有机物的原始生产者和无机物的天然富集者。研究表明，海藻不仅含有独特生理调节作用的活性物质，如海藻多糖、海带氨酸、高不饱和脂肪酸、牛磺酸、多卤多萜类化合物、甾醇类化合物、β-胡萝卜素等，而且还因含有丰富的碘、钙、硒等人体必需的微量元素，而被称为无机元素的宝库。近年来，因为藻类的独特风味和营养价值，其作为功能食品已越来越引起西欧、北美等发达国家的青睐。人们共同认知，海藻可以防止肥胖、胆结石、便秘、肠胃病等代谢性疾病，并具有防癌抗癌、降低血压、降低血糖、预防动脉硬化和血栓形成等功效。

海洋功能食品的开发给海藻资源的综合利用提供了一个全新的思路。目前世界水产品总产量已超过1亿吨，然而每年因变质丢弃的水

用海带制成的食品

产品约占10%，还有约30%的低值水产品被加工成动物饲料。这部分没有直接食用价值的资源中，不乏具有特殊生理作用的活性物质。因此，用现代科学技术手段将其中具有生理调节功能的物质提取出来，制成功能食品，将会产生巨大的经济效益和社会效益。

自古以来，海藻是日本人饮食生活中不可缺少的食物之一，供作食用的海藻很多。近年来，随着饮食习惯的欧美化，食用方法也逐渐受到限制，但最近，由于经常食用海藻地区的人们长寿者较多，所以海藻在营养、药理上的作用又引起了人们的关注。另外，据预测将来大气中的二氧化碳会增加，海水温度会上升。因而对海藻同化能力的方向性期待及其药理学、营养学上的特点会更日益受到人们的重视。

根据海藻中的多糖类、纤维素、脂肪酸、矿物质和微量元素、维生素等生理活性物质的药理特点，人们在积极地开发研制海藻保健、海藻治疗、海藻仿生食品。日本很早就利用各种海藻作为驱虫剂和高血压的预防或治疗药，并研究了这些海藻的药理效果，探索了其有效成分。日本在发展海藻食品加工工艺方面，无论是在品种还是在数量上均居世界前列。现有4000多个厂家，生产200多种海藻产品，集营养与保健于一身，品种繁多，主要包括海藻减肥辅助食品、海带滋补浸膏、海带片、昆布菜冲剂与小球藻昆布菜冲剂、维生素海带、裙带菜丝、裙带菜粉、裙带菜饮料和羊栖菜食品等。

你知道吗

我国的海藻加工食品

利用海藻加工功能食品在我国也正在兴起。如海藻胶可直接制成深受儿童喜爱的果冻，也可作为辅助原料用于糖果、罐头、

海藻制成的豆丸

冰淇淋及面食品等。一些开发比较成功的保健药用海藻制品也已问世。

利用螺旋藻研制开发新型保健品前景也十分诱人。螺旋藻蛋白质含量高，氨基酸组成平衡合理，不饱和脂肪酸含量较多，矿物质及维生素含量丰富，具有防癌抗癌、防治心脑血管疾病、抗老防衰等多种功效。

螺旋藻养殖场

研制海洋功能食品是一个新的课题，要密切注意生命科学的发展动向，运用生命科学的研究成果，来设计效果确切的功能食品。今后的发展趋势是：发挥生物学、生物化学、医药学、分子生物学、遗传学等多学科的协同作用，针对常见病、多发病和疑难病症的不同人群设计效果确切的海洋功能食品；应用现代新技术、新工艺尽可能地保留海洋生物的天然特点和营养成分；研制开发技术含量高、高品位、高质量、高效益的新产品。随着人们对海洋特殊环境和海洋生物中具有生理活性的海洋生物资源认识的不断深化，海洋功能食品发展前景定将更加广阔。

海藻功能食品的开发生产历史尚短，但从目前发展趋势看，海藻功能食品将以其独特的魅力越来越受到世人欢迎。我国的海藻功能食品加工业必将发展成为很有前途的产业。

海藻食品的发展前景

海洋是食品资源的宝库，自古以来人们就在不断地开发利用，从最古老、最原始的方式开始，向现代的先进方法迈进。海藻食品业是一个既古老又年轻的行业。说其古老，是因为它从原始的渔猎时代就出现了；说其年轻，是因为其真正食品意义上的发展，也不过是近几十年的事。海洋与陆地的环境极为不同，前者是在人手可及的空气中，而后者是在人力难及的海洋中，由于海水这一介质的阻碍，为人类开发利用海藻资源造成了极大的困难。随着海水养殖业的发展，有力地促进了海藻食品研究和开发工作的发展。就总体发展而言，海藻食品精深加工才刚刚起步，工作做得还不是很深入，可供参考的有价值的经验和资料很少，真正潜心研究、生产精深海藻产品的人或企业还很少。另一方面,因为其开发程度还很浅，所以具有广阔的开发前景。加之其资源的丰富，目前这一行业正成为一个研究和生产的热门行业。向海洋要食物,对海藻进行综合性开发，有着极其美好的前景。

裙带菜

藻类至今有三种基本情况必须在开发应用时加以考虑：品种的多样性；为光合营养；多数还未开发利用。这些基本情况使藻类在开发与利用方面具有技术和商业方面的优势。

尽管海洋占地球表面面积的70%，但迄今被开发利用的大部分资源来自陆地。其原因主要是由于海水这一介质的阻碍，为人类开发海洋造成了极大的困难，致使开发工作收效不大。进入20世纪60年代后，由于潜水技术的飞速发展，从而有力地促进了研究工作的发展。至20世纪70年代，以探索海洋生物次级代谢物在生物医学领域的潜在价值的研究已相当活跃，发现了不少具有药理活性的天然海洋产物，阐明了其化学结构，这标志着以筛选研究天然海洋产物为先导的活性物质的研究已应运而生。海藻生物资源活性成分和生理作用是陆生生物难以比拟的。如何充分利用海藻资源中的有效成分，将其进行深加工，制成风味独特、保健功效显著的功能食品，是亟待开发研究的课题。20世纪80年代以来，我国掀起了一股功能食品开发和消费热潮。探索海藻生物活性物质，对于促进功能食品向深度和广度发展，开发新型的生物药物及食品，具有重要意义。

你知道吗

为什么红藻能够驱蛔虫

人们食用红藻驱除蛔虫，并不是现在才发现的。我国民间很早就有食用红藻来驱除蛔虫的传统。清代医书《本草纲目拾遗》中也有记载：“鹧鸪菜可治疗小儿腹中积，食之即下。”鹧鸪菜是什么东西呢？鹧鸪菜就是一种红藻，它还有一个很美丽的名字叫美舌藻。能够驱除蛔虫的红藻不只是鹧鸪菜，其他的红藻，像海人草、树状软骨藻、舌状蜈蚣藻等都能够驱除蛔虫。这些红藻为什么能够驱蛔虫？研究人员经过深入的研究发现，不同的红藻驱除蛔虫的原因是不同的。比如，鹧鸪菜和海人草能够驱除蛔虫是因为这两种红藻中含有海人草酸，树状软骨藻等红藻能够驱除蛔虫是因为含有软骨藻酸。海人草酸和软骨藻酸都是有机酸，它们能够抑制蛔虫的消化系统功能，扰乱蛔虫的新陈代谢活动，使蛔虫发生病态性运动兴奋，所以能够将它驱除出体外。

海藻生物活性物质的开发对于人类健康有着重要的意义。未来相当一段时间内，威胁人类健康的重要疾病是癌症和心血管疾病，这两种疾病若能有效地预防和治疗，人类预期寿命可分别提高2.5年和12.4年。同时，由于人口老龄化，迫切需要开发研制改善老年生活质量、治疗关节炎、糖尿病和老年性痴呆症的药物，另外，也缺乏有效的抗病毒药物和新的无耐药性的抗生素。从对海藻活性物质研究所取得的广泛成果来看，海藻生物活性资源在实现这些目标中有重要潜力和优势，必将具有良好的发展前景。海藻活性物质也是一个亟待开发的高效益的高技术产业，如目前国际市场销售的海人草酸高达190美元/克。

超市中的海藻制品

由于海藻生物活性物质一般都以微量形式存在，因此其生产与获取的可能性，一直是未来实际应用所考虑的难点，但是近年来大量生源学和生态学的研究结果表明，海藻生物活性物质的初始来源，大部分甚至可能是全部来自低级海洋生物藻类及其共生菌类，由于生物技术的应用对低等生物要比高等生物容易实现得多，因此应用生物培养基因工程、DNA重组等技术大量获取海藻生物活性物质是一个简捷可行的途径。目前美国与日本已在此领域集中开发，形成了海洋生物工程学。

藻类中有许多生物活性物质，这些物质中有许多可用作食品添加剂或医疗保健制品。尤其是微藻可以通过大规模的水体培养体系快速培养生长，其生产周期比动植物原料的生长周期要短得多，生物利用率要高得多。采用封闭式发酵系统培养微藻，而由这些微藻提供新型或紧缺的天然食品添加剂，其前景极为广阔。

充分认识了海洋食用资源中活性保健成分的潜在商业价值之后，近年来，人们将海洋资源由生产直接食用的初级加工食品，迅速转向了生产附加值更高的食品添加剂和保健食品，这是一个新的高附加值加工领域，也是人类在食品生产发展进程中面临的新的挑战和课题。近年来,这一领域的发展非常迅速，由海洋生物资源中提取的抗癌、抗病毒、提高免疫力的活性物质不断出现，以这些活性物质为基础生产的保健食品，更是层出不穷，海洋食品的发展已进入了一个新的发展高潮时期。有人对海洋资源开发过程进行了形象的比喻：以海带为代表的海藻养殖过程为“捞铜工程”；扇贝类养殖和加工过程为“捞银工程”；海珍品鲍鱼、海参的养殖加工为“捞金工程”。那么，海洋资源的综合深加工制取食品添加剂和保健食品这一“点石成金”的过程，应当之无愧地称为“捞钻石工程”。

加工后的海洋珍品鲍鱼

在人们对陆地资源的研究与开发已进行得较为深入的今天，目光就必然要转向对人们而言还不熟悉的甚至是陌生的海洋。人们可以借鉴陆地资源开发与研究的成功经验和失败教训，对海藻资源进行综合开发与利用,相信其前途是美好的。尤其是各种高新技术在这一行业的应用，会开发出更多更好的海藻食品。随着陆地资源的逐渐紧张，人们应该把研究的目光转向大海，开发海藻资源势在必行，海藻食品的发展方兴未艾。

第二节 海洋藻类的广泛应用

琼脂在食品工业中的应用

琼脂在市场上也称“冻粉”、“凉粉”，是从石花菜、坛紫菜等红藻中提炼出的海藻特有多糖。琼脂可直接作为食品食用，但琼脂更广泛的用途是作为食品添加剂用于食品加工业。美国食品药物管理条例早就将其列为安全产品，批准其作为食品添加剂应用于食品生产。目前，琼脂作为食品添加剂已经应用于果冻、羊羹、酸奶、果汁饮料、软糖、果酱、冰淇淋、火腿、香肠、干乳酪、八宝粥、啤酒、面包及各种肉罐头食品等食品的生产。琼脂在各种食品生产中的作用不尽相同：在果汁和饮料中充当悬浮剂和稳定剂，使果汁和饮料呈均匀悬浮状态；在果汁软糖中充当透明剂，使乳糖透明度提高，口感也胜于其他软糖；在肉类罐头和肉制品中充当凝胶剂和稳定剂，起黏合碎肉和长久定型的作用；在八宝粥、银耳燕窝、羹类食品中充当增稠剂和稳定剂，使食品呈现黏稠状态；在啤酒、酱油、醋中充当澄清剂，使啤酒、酱油、醋清澈透亮；在面包中充当膨松剂，使面包柔软而富有弹性。

用冻粉做的菜肴

琼脂还有多种医疗保健作用。作为膳食纤维，在降脂、降糖方面的作用已经引起了关注；是一种水溶性的天然多糖，具有低热量、高纤维的特点，利于减肥；对便秘疗效显著，一般当作倾泻药，用来预防和治疗便秘；对脑膜炎、B 型流感和流行性腮腺炎病毒均有不同程度的抑制作用；作为食品，有排毒养颜的作用；作为化妆品，起乳化、滋润、定型等多种作用；用做药片黏合剂和药膏基材，起着延长药效的作用；为亲水性胶体，不溶于冷水，易溶于热水，在医学研究中用作细菌培养基，硬度、亲水性、细菌生长情况等都相当好。

褐藻胶在医疗领域的广泛应用

褐藻胶是海带、裙带菜等褐藻体内特有的多糖，主要是由 D- 甘露糖醛酸聚合而成，但有的部分由甘露糖醛酸和 L- 古罗马糖醛酸交替而成，在细胞壁中以金属盐的形式存在。包括水溶性的褐藻酸钠、褐藻酸钾和水不溶性的褐藻酸及其与 2 价以上金属离子结合成的褐藻酸盐类。由于褐藻酸钠最为常用，所以褐藻胶在市场上一般指褐藻酸钠。

我们对褐藻胶并不陌生，在食品工业中广泛使用，当作稳定剂用于冰激凌、巧克力牛奶、冰牛奶等制品，当作增稠剂用于果酱、果冻、色拉、调味汁、布丁、肉卤罐头等制品。

褐藻胶除了在食品工业中被广泛应用外，在医药领域也应用广泛。到医院镶牙时，病人首先要咬牙模。以前，牙科模材主要为橡胶和石膏。近年来，牙科模材则被褐藻酸钠印模料所代替。用褐藻酸钠作牙科模材，操作更简便，印出的齿形更准确。当病人因为大量失血、大面积烫伤、剧烈吐泻等引起血循环降低并产生休克的时候，需要输注全血或血浆代用品。用褐藻胶制成的代血浆，不仅疗效显著，而且能迅速排除体内毒素，故深受医生们的欢迎。

褐藻酸钠溶液在酸性或钙盐溶液中会产生纤维状沉淀，其分子结构呈线形。利用这一特性，用褐藻酸钠制成各种剂型的止血剂，如止

含有丰富褐藻胶的海白菜

血纱布、止血海绵、烫伤纱布、喷雾止血剂等。用褐藻胶制成的止血纱布，用于压迫和包扎大动脉引起的出血，能在几分钟内使喷涌如泉的鲜血被有效地止住。

褐藻酸钠具有对某些元素的特殊交换能力。以放射性元素锶为例，褐藻酸钠既可减少锶的吸收，又可在已经被锶污染之后，将锶快速排出体外，因而，褐藻酸钠被称为“放射性锶的阻吸剂”。利用它的这一特性，食品生产企业将降解、脱臭后的褐藻酸钠以15%的比例添加到低脂奶粉中，再配以其他营养成分，便制成了排铅效果良好的功能性奶粉。

从褐藻中提取褐藻胶

你知道吗

螺旋藻为什么被誉为“抗癌单刃剑”

现代科学研究证明，螺旋藻不但营养价值十分丰富，而且还具有许多重要的保健和药用价值。在螺旋藻所具有的许多重要医学价值中，它的防癌抗癌作用更是引起了人们的广泛兴趣。科学家认为，螺旋藻之所以能够防癌抗癌，是多种因素起作用的结果。螺旋藻中含有丰富的硒，而科学实验表明硒对多种化学致癌物质诱发的癌症具有明显的抑制作用；螺旋藻中含有一种能够溶解在水里的多糖化合物，科学家们把它叫作SP-1。这种物质虽然不能直接杀伤癌细胞，但是，它可以通过提高机体的免疫力来间接地抑制癌细胞；螺旋藻中含有丰富的藻蓝色素，日本的研究人员给已经接种了肝癌细胞的小鼠喂食藻蓝色素后发现，小鼠的存活率明显比不喂的小鼠高。近来，科学家从螺旋藻中分离出一种物质，它对癌细胞具有明显的抑制和杀伤效果，但是对人体正常细胞却几乎没有影响，被誉为“抗癌单刃剑”。

利用褐藻酸钠的凝胶特性，可用褐藻酸钠与其他药物配合制成各种药膏；与羊毛脂调和，制成硫黄软膏，治疗皮肤病；与磺胺药物混合，制成眼膏，治疗眼部疾病；与苯基醋酸汞等混合，制成避孕膏，用于妇女避孕。

低聚褐藻胶可称为药效延长剂，用低聚褐藻胶制作的肠用胶囊，大大延长了药物在肠道中的停留和吸收时间，提高了药物的使用效果。褐藻胶能够吸收血管壁上的胆固醇，并把胆固醇排出体外，因而，可制成相关药物，用于高血脂等相关疾病的治疗。

褐藻酸钠添加到钡餐溶液中，可使钡餐溶液长时间不发生沉淀，保证了钡餐溶液的使用效果。

将褐藻酸钠添加到药片中，利于药片成型，防止碎裂。

卡拉胶在食品领域的广泛使用

卡拉胶是红藻特有的多糖，生产卡拉胶的原料主要为麒麟菜，另

加入卡拉胶的果冻

外，具脉育红藻、伊红藻、角叉菜和沙菜等也可以用来生产卡拉胶。

卡拉胶主要用于食品加工，总用量超过总产量的50%以上。卡拉胶与钙、镁等离子反应，特别是与钾离子反应能迅速凝聚成胶状。而且，卡拉胶形成的凝胶是热可逆的，加热时凝胶熔化成溶液，溶液冷却后又形成凝胶。利用这一特点，卡拉胶在鱼和畜肉制品、乳制品、果汁、果冻、调味品、罐头、糖果、面包、人造肉和啤酒等食品生产中广泛应用。

在鱼糕、鱼肉卷、鱼糜鸡蛋卷等水产制品中，卡拉胶与蛋白质反应，形成凝胶网络，提高制品的水黏合能力，从而改善制品的组织结构和保水性能，并能提高制品的出品率。如添加0.4%卡拉胶的鱼糕，可提高制品的黏合性，成型后不会失去原型，保水性好，又能防止淀粉老化。添加0.5%卡拉胶的鱼肉蒸饼和鱼糜鸡蛋卷，制品色泽光润，具有弹性。在火腿、各式灌肠制品中加入卡拉胶，可防止蛋白质、脂肪和水的分离，提高口感。

卡拉胶可作乳制品的悬浮剂和稳定剂。在冰淇淋、雪糕中加入卡拉胶，能使脂肪和其他固体成分分布均匀，防止乳浆分离，放置时不易融化及防止冰晶增加，从而提高

卡拉胶

制品的润滑爽口性。在可可牛奶或可可麦乳精中加入卡拉胶，可使可可粉均匀分布于牛奶中，防止因可可粉发生沉淀而影响外观和口感。在乳酸酪、干酪、人造黄油、起酥油中添加卡拉胶，可提高保水性，防止脱水现象的发生。

卡拉胶加热熔化后，在常温下冷却即能凝固，因此是生产果冻最常用的原料。用卡拉胶做果冻和果冻粉，爽口、弹性好、不发黏。目前，市场上出售的果冻,原料中有明胶、果胶、卡拉胶，以卡拉胶口感最好。在酱油、蚝油、虾膏等调味品中，添加卡拉胶作增稠剂和稳定剂，能提高黏稠度、防止组分分离。在果汁中用卡拉胶作悬浮剂和稳定剂，可提高食品食用时的口感。

在羊羹、豆沙馅、豆馅点心和番茄酱等果酱中，用卡拉胶作增稠剂、稳定剂和凝固剂，能使制品分散均匀，口感好。

在肉类和水果罐头中添加卡拉胶，可增加黏稠度；在挂面中添加卡拉胶，口感爽滑细腻且不易断条糊汤；在软糖中添加卡拉胶，透明度好且爽口不粘牙；在硬糖中添加卡拉胶，表面光滑且黏性好；在面包中加少量卡拉胶，可增强保水性和延缓老化；在糕点表面的装饰物中添加卡拉胶，容易成型并长时间保持形状不变；在啤酒中添加卡拉胶,可完全除去啤酒中的胶体物质，并能加快澄清速度、稳定泡沫。

褐藻糖胶及其应用

褐藻糖胶 (简称 FPS) 又被称为褐藻多糖硫酸酯，是由海藻糖结合成的含硫酸基的多糖，存在于所有褐藻的细胞壁基质中，是褐藻固有的胞间多糖。

在藻体内，褐藻糖胶具有吸潮防干的作用。当低潮时，藻体暴露在大气中，这种物质帮助藻体吸收周围环境的水分，保证藻体不失水干枯。一般在潮间带长时间与空气接触的褐藻中含有较多的褐藻糖胶，如墨角藻的褐藻糖胶含量达 20%；在深海生长的褐藻中褐藻糖胶含量

海白菜

较少，如海带的褐藻糖胶含量仅为1%～2%。

褐藻糖胶具有结合金属离子、抗凝血、降血脂、防血栓、改善微循环、解毒、抑制白细胞、抗肿瘤等重要作用，因而在医药领域有重要作用。利用其结合金属离子的特性，褐藻糖胶可当做Cd、Ba、Sr、Pb等有毒金属离子的有效去污剂、结合剂和阻吸剂，起到抗辐射、抗污染作用；利用其抗凝血和抑制肿瘤的特性，可望为细胞生物学、免疫学和抗肿瘤药物的研究和开发做出贡献。另外发现，该物质临床对心脏、肾血管病有作用，对改善肾功能、提高肾脏对肌酐的清除率尤为明显，在国外首先被用于治疗慢性肾衰，对尿毒症患者有显著疗效，且无毒副作用。

第三节　海洋植物开发的前景

营养较高的副食品

海洋植物作为食品，在我国已有悠久的历史。早在1500年前，我国人民就已食用海带，近代对海洋植物的食用种类更为广泛。食用方法也是多种多样，既可生食(凉拌)，又可熟食，也可作为干藏食品。

可食用的海洋植物有50～60种。我国沿海人民常用作副食品的也不下20种，如石莼、礁膜、浒苔、刺松藻、海带、裙带菜、鹿角菜、萱藻、绳藻、马尾藻，羊栖菜、紫菜、仙菜、蜈蚣藻等。

长期以来，海洋植物之所以能被人们作为副食品，除它的滋味鲜美，有提高食欲，帮助消化等作用外，还因它含有多量的碳水化合物、蛋白质、矿物质、维生素及其他营养物质。褐藻中含有多量的碘。海带、鹿角菜和多管藻等含有一些抗生素，对人体的代谢都有良好的作用。羊栖菜含有多量的钙和碘，经常食用可以解除大脑的疲劳，补充甲状腺激素的消耗。有些地方有“常食羊栖菜能健康长寿”的说法，是

美味的海苔食品

有一定道理的。紫菜更是营养丰富，现已驰名天下，有广阔的发展前途。

日本一大学教授近藤正三博士经过长期调查，认为：海藻含有较丰富的人们所需要的营养物质，可以促进和控制人体中的新陈代谢。

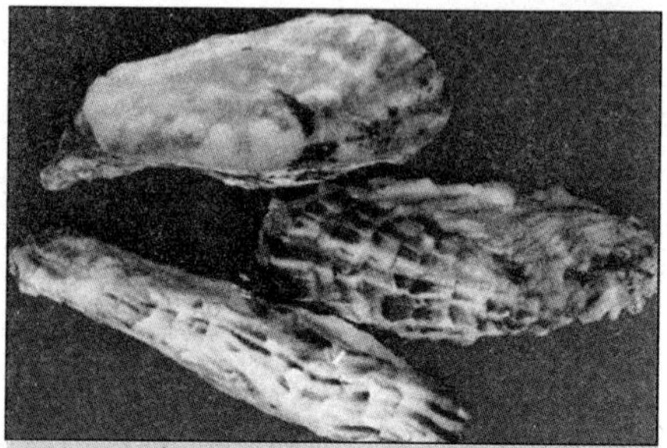
靠浮游藻生存的牡蛎

海洋渔业兴衰的决定者

浮游植物虽然个体微小，但不能小看它们。在海洋中，如果没有它们，鱼类等各种海洋动物都将活活饿死，富饶的海洋就将变为没有生命的“死海”了。

在海洋里生活的各种生物和在陆地上生活的各种生物一样，都有一种自然的食物联系。这种食物联系我们称它为食物链。如老虎吃羊，羊吃草，大鱼吃小鱼，小鱼吃小虾，虾吃泥沙等。当然，单纯的沙不能作为食物，虾所吃的是附在沙子上、肉眼看不见的浮游植物和其他小生物。当然，大的虾也吃其他生物，如沙蚕之类，但沙蚕还是要依靠浮游植物来生活的。

据估计，在牡蛎所吃的食物中浮游植物约占95%，一尾鲇每日就要吃硅藻20克；鱼类要长出一千克肉，就需要直接或间接地吃几十千克甚至上百斤的浮游植物。

可见，生活在海洋里的各种各样的动物，都要直接或间接地依靠这些微小的浮游植物来生活。从体长30米的巨大鲸鱼，到身体很小的糠虾之类的浮游动物，它们的食料归根结底都是浮游藻。如果没有浮游藻，它们就会饿死，人们也就吃不到味道鲜美的、营养丰富的鱼、贝、虾和蟹类了。

海洋植物除了作为海洋动物的食料外，还能起到一种天然鱼礁的作用。大家知道，海藻生长的场所也都是鱼、虾、贝类繁殖的场所，这是因为海藻在海底可以形成海中林，海中林不仅对鱼、贝、虾类的繁殖有保护作用，而且，还是很好的产卵和发育场所。

在国外为了提高鱼获物，还设有人工鱼礁，就是用水泥做成鱼礁放置海底，使人工鱼礁上着生海藻，扩大海中林，使其成为鱼类和其他水产动物安全发育成长的场所。

用途宽广的工业原料

海洋植物在工业上用途极其广泛，就以海藻为例，从中可以提取琼胶、碘、甘露醇和褐藻胶等。

琼胶是一种经济价值较高的食品。因为它有一种不易被细菌分解的特性，所以它可以用作细菌固体培养基，在制酒工业中可作澄清剂，此外，在纺织工业中，还可作浆料。

石花菜是我国琼胶制造业的主要原料（江蓠、仙菜也都含有丰富的胶质，可作为制造琼胶的辅助原料）。我国沿海居民多用石花菜作冻粉，有的群众称它为凉粉。它就是一种粗制的琼胶。制作琼胶时，将洗干净的石花菜在锅中略炒后，加水和醋煮烂，然后过滤，使它冷却，即成冻粉。

你知道吗

生产琼胶的过程

先将石花菜洗净，放在高压锅内煮，在水沸腾时，添加硫酸水解，待煮沸3小时后，加漂白粉漂白，然后取出过滤，将过滤液放在15～20℃的温度下使其凝固，再将凝固后的琼胶切成条，在0～10℃的温度下晾干，即成琼胶。

收获石花菜

碘的用途很广。它不但是一种重要的药用元素，还可用以提取高纯度的稀有金属和半导体材料，如钛、铝、硅、锗等，在国防工业中又可作火箭燃料添加剂，在冶金、橡胶、染料、照相材料和人造革等工业方面也有重要用途。另外，它还是人造雨时所用的催化剂碘化银和干冰等的原料。

碘是海带的一种重要产品，提取碘的一般方法是：先将海带在清水中浸泡。取出浸泡海带的水，加入火碱或石灰，使杂质凝沉。再取出上面的清液，加入次氯酸钠和硫酸，氧化后为游离碘溶液。将游离碘溶液用 717 树脂吸附(吸附在 717 树脂上的碘为吸附碘)，经过亚硫酸钠洗脱成为碘溶液，碘溶液加硫酸和氯酸钾氧化成为粗碘。再加硫酸氧化即可制成精碘。

在工业上除用上法提取碘外，还可以用腌海带的废卤水提碘，制作方法与以上提取碘的方法基本一致。

甘露醇的用途也是十分广泛的。它在细菌培养基中可代替葡萄糖；制泡沫塑料时，可作化学调合剂；生产牙膏时，也可代替甘油；在石油工业上可作破乳剂，使石油与水分开。提取甘露醇的主要原料是海带与马尾藻，它是在连接碘的过程中进行的。提碘后余下的废液可以继续提取甘露醇。提取的过程是：在已提碘的海带废液中，加氢氧化钠，使酸碱度变为 6 ~ 7，去水浓缩后，用水洗涤三次，加活性炭脱色。然后通过离子交换除去杂质，再结晶，烘干后即成结晶状的甘露醇。

褐藻胶的应用也极其广泛。在纺织工业中可用于浆纱；在食品工业中可作稳定剂，如做冰糕、糖果、糕点、罐头时都少不了它；此外，还可作干电池的隔极层、耐水性假漆、媒染剂、硬水染化剂的原料和石油工业上的驱油剂。

海带、马尾藻是提取褐藻胶的主要原料。提取时，将提碘时作浸泡水用过的海带，加水和碱，加温使其成为浆液。然后除去杂质，加入次氯酸钠漂白，再加入硫酸酸化。压去水分后，加碱中和，烘干，粉碎即成褐藻胶。

一种很有前途的能源

目前人类所使用的能源，除一部分靠水力能和原子能以外，主要还是矿物燃料即石油、煤炭和天然气等。在 21 世纪初，有人认为石油资源极其丰富，取之不尽，用之不竭，但最近又有人认为石油不是用之不

巨藻作为能源很绿色

尽，而是要枯竭的。那么用什么物质来代替石油呢？这是非常重要的问题。现在各国都在寻求新的能源，把能代替石油的能源看成像血一样重要。

世界各国对太阳能的利用非常重视，因为达到地球表面的太阳能非常巨大，有人估计可以达到10亿千瓦。覆盖地球表面的海水大约有2/3，所以大量的太阳能被海水所吸收。海水中蕴藏能量的形式很多，如潮汐能、波能、温差能、浓度差能、海水压力能、海流能以及海洋生物能等。

海洋生物贮藏能量也很大，据推算，海洋中一年生产的浮游植物，若全部变成能量的话，可以供全人类消费使用。海洋中除浮游植物外，底栖藻也是很重要的能源，如巨藻等。

巨藻收割后，进行发酵可以得到沼气，沼气是一种很好的能源。美国从1978年开始，在海军的协助下，对海藻进行养殖和利用，收到

底栖藻

了很好的效果。据估计，养殖4平方千米的巨藻，一年可生产10万千瓦的能量，是一种很有前途的能源之一。

综上所述，海洋植物的应用有着广阔的前途。充分开发利用海洋植物，对于我国四个现代化建设有着重大的意义。

农业肥料的提供者

目前我国海洋植物的养殖事业已在沿海各地普遍开展，它是沿海农业生产队中一项很好的副业生产，每年可为国家创造大量财富。沿海居民常收集各种海洋植物加工后做成肥料，对提高农业产量有着重大作用。目前作肥料的海洋植物已在100种以上。

用海藻做成的肥料

海洋植物中含有农作物所必需的氮、磷、钾及其他各种盐类。如褐藻类含有15%～30%的钾，1%～2%的氮和少量的磷，因钾的含量特别多，所以能使作物的根和茎粗壮，坚挺，不易倒伏，同时也能增强作物的抗病、抗旱、抗冻的能力。干燥的海藻施在土壤中，不但分解速度快，还能起到疏松土壤的作用，而且还不混有杂草种子、病菌孢子和害虫卵等有害物质，所以是一种很好的肥料。海藻肥对土豆、地瓜、花生等作物的增产效果都很明显，在海南岛等地区还用它作咖啡树的肥料。

此外，有一些海藻还可以作饲料，用来饲养家畜、家禽。使用的方法是：先将杂藻用淡水浸泡，溶解掉其中的大部分盐类，以免含盐过多，对牲畜有害(如含的盐分恰当，对牲畜的生长是有益的)。另外，还可用海藻作为基本原料，再加上1/3的鱼杂(鱼头、鱼尾及内脏)和1/3的苜蓿制成优良饲料，效果更好。